数字化电能计量装置校验

国网浙江省电力有限公司　组编

中国电力出版社

CHINA ELECTRIC POWER PRESS

图书在版编目（CIP）数据

数字化电能计量装置校验 / 国网浙江省电力有限公司组编. —北京：中国电力出版社，2023.9
ISBN 978-7-5198-6607-5

Ⅰ. ①数…　Ⅱ. ①国…　Ⅲ. ①电能计量–装置②电能计量–检定　Ⅳ. ①TM933.4

中国版本图书馆 CIP 数据核字（2022）第 045690 号

出版发行：中国电力出版社
地　　址：北京市东城区北京站西街 19 号（邮政编码 100005）
网　　址：http://www.cepp.sgcc.com.cn
责任编辑：雍志娟
责任校对：黄　蓓　王海南
装帧设计：张俊霞
责任印制：石　雷

印　　刷：廊坊市文峰档案印务有限公司
版　　次：2023 年 9 月第一版
印　　次：2023 年 9 月北京第一次印刷
开　　本：787 毫米×1092 毫米　16 开本
印　　张：11
字　　数：227 千字
印　　数：0001—1000 册
定　　价：66.00 元

编　委　会

组　　长　张　旭

成　　员　董绍光　袁　婷

主　　编　韩荣新

副 主 编　陈顺军　郑小玲

参编人员　王海珍　陆锋杰　王　晓

前　言

随着智能电网的建设发展，变电站以全站信息数字化、通信平台网络化、信息共享标准化为基本要求，自动完成站内信息的采集、测量、控制、保护、计量等功能，采用了数字化电能计量技术，我国目前已经通过建设、改造投运了 7000 多座智能变电站。

数字化电能计量技术由电子式互感器（或变换成数字量输出的互感器）、合并单元和数字化电能表组成。与传统的电能计量方式不同，数字化计量尚未建设量值传递体系。经过多年发展，逐步发布了一系列关于电子式互感器、合并单元和数字化电能表的国家、行业和企业规范，为量值传递和溯源工作的开展建立了相关标准。

本教材内容主要包括数字化电能计量装置，电子式互感器和数字化电能表，电子式互感器、合并单元和数字化电能表的检验方法和实例。根据现行的国家、行业关于合并单元、电子式互感器和数字化电能表校验，并参考相关企业规范编写该培训教材。

本书主要是作为国家电网有限公司检定检测人员培训用书，也可以作为计量专业教学用书。

在本书的编写过程中，参考和辑录了相关的书籍与刊物，在此谨向这些书籍和刊物的作者致谢。

由于编者水平所限，再加上修改时间仓促，本书的不足之处在所难免。对于书中的不足之处，敬请广大读者批评指正。谢谢！

编　者
2023 年 2 月

目　录

第一章

数字化电能计量装置

第一节 概　　述

一、智能变电站

　　智能电网建设的核心环节是智能变电站，智能变电站以"一次设备智能化，二次设备网络化"为主线，通过采用先进、集成、环保的智能设备并以全站信息数字化、通信平台网络化、信息共享标准化为要求，自动完成信息采集、测量、控制、保护、电能计量等基本功能，并根据需要支持电网实时自动控制、智能调节、在线分析决策、协同互动等高级功能。

　　在智能变电站的应用领域，我国一直处于国际领先水平。2008 年，DL/T 860（IEC 61850）技术的应用，开展智能变电站的研究，标志着变电站数字化的开端。到 2010 年，开始智能变电站的建设工作。目前我国已有超过千座以上的智能变电站投入实际运行。按照国家电网公司规划，2011 年后新建变电站，全部按照智能变电站的技术标准进行建设，并对之前所建的枢纽变电站和中心变电站等进行数字化改造。

　　2015 年 9 月，国家电网公司 50 个新一代智能变电站扩大示范工程首个建成的项目——江西省首座新一代智能变电站——110 千伏赣县双龙变电站于 9 月 29 日 11 时 16 分投产送电。标志着中国新一代智能变电站的正式运营开始。

　　2018 年，具有泛在物联的智慧变电站应运而生，智慧变电站集合物联感知、人工智能技术，实现状态评估、风险预警和主动运维。

　　目前，我国建成的智能变电站电压等级从 66～750kV，已经覆盖了绝大部分电网电压范围。按照国家电网公司规划，到 2020 年建成统一坚强智能电网。

二、智能变电站的结构

　　根据 DL/T 860（IEC 61850）标准，智能变电站具有 3 层结构，分别为站控层、间隔层和过程层，如图 1-1 所示。

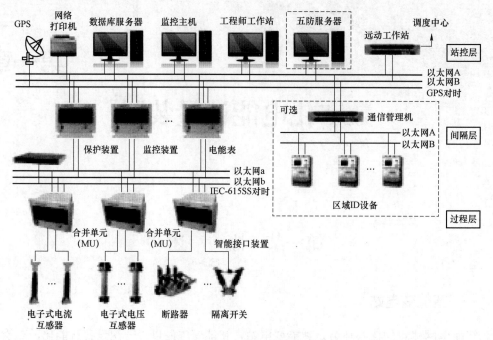

图 1-1 智能变电站的分层结构

从图 1-1 可以看出，智能变电站各层的结构和功能分别为：

（1）过程层。该层主要包括智能变电站的一次设备，例如电子式互感器、智能开关和智能变电压等智能一次设备，可实现自我检测和自我描述等功能。过程层通过光纤网络给间隔层设备提供一次设备的运行状态信息，并接收来自间隔层的控制指令。

（2）间隔层。该层主要包括智能变电站的监控设备和继电保护设备等，并且这些设备在横向上按间隔进行配置。间隔层设备的主要功能是实现本间隔的继电保护、测（计）量、监控、故障录波、操作闭锁、同期和自检等功能。间隔层设备通过光纤分别与其他间隔设备、站控层和过程层进行通信。

（3）站控层。该层主要包括站级的工作站、人机设备、服务器或路由器等设备，实现变电站在线监测、实时控制、故障报警、操作闭锁、记录和自诊断功能、继电保护整定值变更、故障分析以及变电站的远方控制等功能。站控层通过光纤与间隔层进行通信。

第二节 数字化电能计量系统

一、概述

智能变电站电能计量系统由电子式互感器和数字化电能表构成，电子式互感器将高电压、大电流转换为数字信号。通常电子式互感器分为包含合并单元和合并单元作为独立单元两种。当把合并单元作为电子式互感器的一个组件时，互感器作为一次感应设备，将一次高电压、大电流转换为二次输出信号到合并单元，合并单元作为电压、电流等电参量采集与间隔层设备的数字接口，将多个互感器本体输出的二次信号进行组合形成数字信号报文，以网络通信的方式传输到变电站的间隔层的数字化电能表等设备。此时互感器可以是采用磁电、光电效应的全数字采样的互感器（习惯把这种称为电子式互感器），也可以采用常规电磁式互感器。当前行业内已经将从互感器本体到合并单元输出的整个部分统称为电子互感器。

数字化电能计量系统应用传感技术、数字信号处理技术、网络通信等技术，在统一通信协议下，构建计量功能和实现相关业务，实现信号的数字化和传输的网络化。数字化电能计量系统的优点如下：

（1）数字化电能计量系统中的电压、电流信号以数字量形式传输，可以提高数据的共享率，有利于电能计量系统功能的扩展，也易于其他系统集成和接入。数字化电能计量系统具有测量准确度高、易扩展和易集成等特点，其中在测量准确度方面的优势主要体现在：合并单元采用就地布置，消除了传统电能计量装置中互感器引线压降的影响；通过合并单元的调校，可保证数字输出的精度；合并单元输出数字量，消除了合并单元后的传输和电能表引起的系统误差。

（2）显著提高了电能表的测量准确度。一般情况下，传统电能计量装置中配置的电能表的准确度为 0.2 级。而 0.2S 级数字化电能表没有模数转换单元，只有数字量接收和电能计量算法环节，因此可明显提高电能计量的准确度，数字化电能表的准确度可以达到 0.05 级，甚至 0.02 级。

（3）光纤传输有效提高了抗干扰能力。电子式互感器与合并单元，合并单元与数字化电能表之间均采用光纤传输信号。在变电站强电磁干扰环境下，采用光纤传输信号，具有突出的抗电磁干扰能力。

二、数字化电能计量系统的构成

电能计量系统包括变电站侧的电能计量体系和远方电能计量系统 TMR，常规电能计量系统如图 1-2 所示。

TMR 系统是电网调度自动化系统的组成部分之一。TMR 系统主要完成电能量数据的采集、计量管理、线损分析及管理等功能，实现输、配电网中的电量自动采集、分析、计费及与其他系统（如 SCADA、EMS 及 MIS 系统）

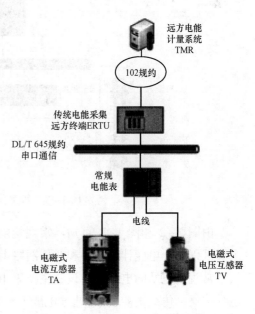

图 1-2　常规电能计量体系结构图

间的数据信息的交换，为电力营销提供准确、可靠的电量数据，实现电能贸易结算的公平、公正。同时还可以在线监控像电厂、变电站、线路等的运行状态信息及故障信息等。

变电站侧的电能计量体系主要完成一次电压、一次电流的数据采集和传输、电能量的计算等，主要由互感器、电能表和电能数据采集终端以及设备之间的通信网络四大部分组成。随着智能电网的发展，新型的智能变电站建设规模越来越大。智能变电站是在IEC 61850（对应于 DL/T 860）国际统一的网络通信标准基础上，采用分层结构，实现变电站一次设备的智能化和二次设备网络化，并最终实现变电站内的不同厂商的智能电子设备（IED）间互操作和信息共享的变电站。它的通信平台是建立在 DL/T 860（IEC 61850）标准基础上，该标准采用了面向对象的建模思想，实现设备的自我描述，实现整个变电站的统一标准、统一模型、互联开放、信息共享。基于 DL/T 860（IEC 61850）通信标准的智能变电站电能计量系统结构如图 1-3 所示。

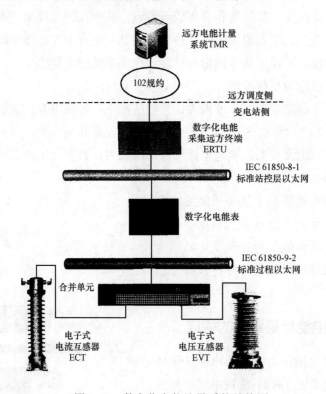

图 1-3 数字化电能计量系统结构图

由图 1-2 和图 1-3 可知，常规变电站电能计量系统和智能变电站电能计量系统的主要区别在于电能计量设备和通信网络上。

常规变电站的电能计量设备主要采用电磁式互感器将采集的电压、电流模拟量通过电缆传送到传统电能表中，通过电能表对数据进行处理计算后，按照 DL/T 645—2007《多功能电能表通信协议》规约通过串口以问答方式上送到传统的电能远方采集终端

（ERTU），远方电能计量系统 TMR 主站根据 IEC 60870-5-102 规约召唤 ERTU 中的电能数据。

而对于智能变电站，DL/T 860（IEC 61850）从通信协议上采用了标准的 OR 网络参考模型，在物理层和链路层上构建标准的高速以太网通信网络，并在此基础上严格遵循 DL/T 860（IEC 61850）自身定义的顶层协议。在 DL/T 860（IEC 61850）体系下，电子式电流互感器（ECT）与电子式电压互感器（EVT）成为智能变电站电能计量系统的主要计量设备。智能变电站电能计量系统采用电子式互感器来完成电压、电流数据的采集，输出数字信号，然后通过 DL/T 860（IEC 61850-9）标准协议建立过程层以太网网络将数据传送给支持 DL/T 860（IEC 61850）标准通信的数字电能表进行数据的处理和计算，再通过 DL/T 860（IEC 61850-8-1）标准的站控层 MMS 主动传送到数字化的 ERTU 终端中。

智能变电站电能计量系统主要包括过程层的电子式互感器（遵循 GB/T 20840.7（IEC 60044-7）标准的电子式电压互感器以及遵循 GB/T 20840.8（IEC 60044-8）标准的电子式电流互感器）和间隔层的数字化电能表。互感器对电压、电流信号输入到合并单元汇集后的数字信号，经点对点或组网方式发送至间隔层的数字化电能表。智能变电站电能计量系统结构如图 1-4 所示。

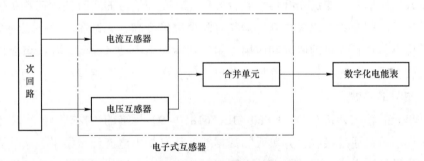

图 1-4 智能变电站电能计量系统结构图

智能变电站的蓬勃建设，带动了电子式互感器和数字化电能表的研发、生产和使用。在智能变电站实现全站信息数字化的要求下，传统变电站中用于电能计量的模拟设备在智能变电站中不再适用，新的数字化电能计量方式随之产生。

三、数字化计量系统的误差

电能作为一种商品，其市场交易过程是通过电能计量装置来实现的。电能计量装置起着秤杆子的作用，它的准确与否涉及千家万户的利益，直接关系着各项电业技术经济指标的正确计算、营业计费的准确性和公正性，事关电力工业的发展、国家与电力用户的合法权益。

常规电能计量系统中，影响电能计量准确度的因素包括：常规互感器的测量、二次引线压降引起的测量和电能表的采样及计算误差。常规互感器用于电能计量时，通常电流互感器准确度等级为 0.2S 级或 0.5S 级，电压互感器准确度等级为 0.2 级或 0.5 级。常规电流互感器输出二次电压 100V 或 100/$\sqrt{3}$ V，通过电缆传输至电能表。常规电流互感器输出二次电流 1A 或 5A，通过电缆传输至电能表。在电缆传输上述模拟量的过程中，由于电缆阻抗及电能表内阻的存在，会造成电缆损耗。DL/T 448—2016《电能计量装置技术管理规程》规定，电压互感器二次回路压降应不大于其额定二次电压的 0.2%。通过加粗电压互感器二次导线截面，减少接点接触电阻，或者采用二次压降补偿器等措施，传输系统的损耗产生的电能计量误差可控制在 0.1%。电缆传输的模拟电压信号、电流信号在电能表内经过电量变送器及模数转换器（ADC）转换成数字信号，再在 DSP 中计算得出电能的各项计量结果。高精度电量变送器及模数转换器环节也将带来 0.2% 的误差。电能计量系统的误差为上述三者的合成，其综合误差将达到 0.7%。

智能变电站的电能计量技术采用采集器就地布置或采用全数字化采样，数据传输上采用点对点或组网方式，消除了常规互感器二次侧至表计之间的电缆传输损耗及线路干扰。采集器就地布置就是把合并单元布置在互感器现场，减少或基本消除互感器到合并单元的传输距离，消除二次传输误差。全数字化采样是互感器在一、二次转换时，形成 FT3 数字式二次信号，通过光纤传输到合并单元，提高信号的实时性。在数字化计量系统发展的早期，因全数字化采样互感器具有测量准确度高、无饱和、动态范围宽、无二次开路等优点，进行大量的研究和应用，由于实际应用中技术原因，存在可靠性低，因此现阶段较少采用。现行行业内都把合并单元包含在电子式互感器内，作为互感器的一个部分，如图 1-5 所示。

合并单元的输出为符合 DL/T 860（IEC 61850-9）标准的数据帧，数字化电能表不需具有采样环节，通过接收合并单元的数据然后计算得出电能计量结果。从计算算法本身而言，如果算法合适，其计算误差小到可以忽略。因此智能变电站电能计量系统的误差主要为电子式互感器的合成误差，电子式互感器的整体准确度可到 0.2 级。由此，整个计量系统的综合误差为 0.4%。

两种电能计量系统的信号传输方式的区别如图 1-5 所示，两种电能计量系统的误差构成区别如表 1-1 所示。

表 1-1 传统电能计量系统与数字化电能计量系统的误差构成

计量系统类别	一次侧电压互感器误差（%）	一次侧电流互感器误差（%）	传输损耗误差（%）	表计内部误差（%）	综合误差（%）
传统电能计量系统	0.2	0.2	0.2	0.1	0.7
数字化电能计量系统	0.2	0.2	无	无附加误差	0.4

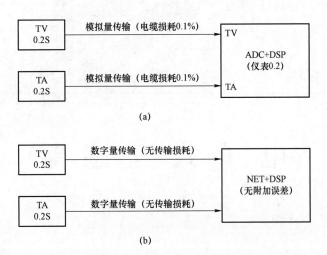

图 1-5 传统电能计量系统与数字化电能计量系统信号传输方式

(a) 传统电能计量系统；(b) 数字化电能计量系统

第二章

电子式互感器

电子式互感器是指将一次电流电压转换为对应数字输出的设备。通常有两种方案实现，一是采用全数字化采样的互感器，此时互感器输出为正比于一次电流电压的数字量（FT3），再通过合并单元输出一次电流电压的数字量（ICDL/T 860-2）。第二种是将合并单元作为互感器的一个组件，一次电流电压经过互感器变比形成二次模拟量，输入到合并单元，经合并单元同步采样后输出数字量（ICDL/T 860-2），此时互感器一般为常规电磁/电容式器。

第一节　电子式互感器概述

电子式互感器的发展经历过两个重要阶段，第一个阶段为全数字化采样的电子式互感器，现阶段为把合并单元作业作为式互感器的一部分，使电磁式互感器实现了数字化。

全数字化采样方式的互感器不含铁芯、没有磁饱和、频带宽、动态测量范围大、线性好，且体积小、质量轻。特别是电子式电流互感器二次开路不会产生高电压，电子式电压互感器二次短路不会产生大电流，也不会产生铁磁谐振，保证了人身和设备安全。其特点具体可归纳为以下几点：

（1）优良的绝缘性能。电子式互感器以光纤为信号传输媒质从高压侧将信号传送到低压侧，充分发挥了光纤绝缘性能好的优点，尤其适合高电压等级的测量。

（2）实现电流、电压一体化设计，同时提供测量、保护用电流和电压信号。

（3）传感器、合并单元及数字化电能表都可通过光纤相连，信号在光纤中传输，增强了抗电磁干扰（EMI）性能，数据可靠性大大提高。

（4）体积小、质量轻、节约空间。电子式互感器无铁芯，无绝缘油，本身质量很轻，给运输和安装带来了极大方便。

（5）价格低廉的光纤应用，大大降低了电子互感器的整体成本。无铁芯、少铜线及光纤的应用，客观上起到环保、节能的作用。

在 20 世纪 60 年代，国外开始了全数字化采样方式的电子式互感器的理论研究，但未见挂网试运行，70 年代国内开始了电子互感器的理论研究，到 80 年代，多种电子式互感器样机在国外成功挂网运行。90 年代则是电子式互感器的实用化研制阶段，电子互感器逐步向高压、超高压和特高压领域深入发展，1993 年我国电子式互感器实现了挂网运行。21 世纪以来，我国电子式互感器进入了迅速发展的时期，先后已有多家单位研制的电子式互感器在 10～750kV 系统上挂网运行，近 10 年来，电子式互感器在使用数量和工程应用电压等级方面得到了长足发展，目前已形成一定的影响力，并得到了一定程度的认可。2009 年国网启动数字化站高实试点工程，电子式互感器正式进入试点阶段。

20 世纪 90 年代中后期，我国的清华大学、华中科技大学、大连理工大学、西安交通大学和华北电力大学等科研单位开始电子式互感器研究，经过十几年的研究，我国研制的电子式互感器已进入了挂网试运行阶段。目前，我国已有数十家公司研制和生产各类电子式电压、电流互感器，其典型代表有南瑞继保、南瑞航天、许继集团和南自新宁等。

经过几年的运行，采用全数字化采样方式的电子式互感器的智能变电站出现异常保护跳闸的问题。暴露出全数字化采样方式的电子式互感器路线不够成熟，产品性能不稳定，可靠性差的弊端。

利用传统互感器性能稳定，可靠性高，结合数字化便于分享和传输的特点，采用把传统互感器的二次经过合并单元输出数字量，形成数字化的方式，此时把合并单元作为互感器的一个部件，实现将一次电流电压转换为数字量输出，这是现阶段电子式互感器的实现方式。

第二节　全数字化采样的电子式互感器

根据 GB/T 20840.7—2007《互感器　第 7 部分：电子式电压互感器》，电子式互感器定义为一种装置，由连接到传输系统和二次转换器的一个或多个电流或电压传感器组成，用于传输正比于被测量的量，以供给测量仪器、仪表和继电保护装置。电子式互感器是由连接到传输系统和二次转换器的电流电压传感器组成，通过电流电压传感器产生正比于被测量的量，这个量可以是数字量，也可能是模拟量，此种互感器一般是采用全数字化采样，其与传统电磁式互感器从原理上完全不同。通过传感器单相电子式互感器的通用框图如图 2-1 所示。

在图 2-1 中，一次传感器为一种电气、电子、光学或其他装置，产生与被测量相对应的信号，直接或经过一次转换器传送给二次转换器。根据传感器所采用一、二次转换原理的不同，电子式互感器的构成有所不同。

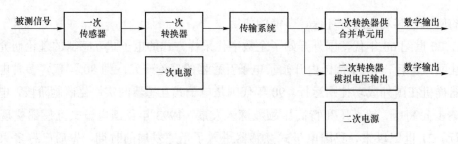

图 2-1　单相电子式互感器的通用框图

一、电子式互感器的工作原理

当一次传感器基于电磁感应原理或电容分压原理时，传感器的输出信号通过一次转换器转换成数字量，再转换为光信号通过光纤传输。由于一次转换器需要供电电源，因此这类传感原理的电子式互感器为有源电子式互感器。而当一次传感器基于光学传感原理时，被测信号的传感信息本身就是光信号，其直接通过光纤传输到二次转换器，这类传感原理的电子式互感器无需一次转换器，也称其为无源电子式互感器。

目前研究开发较多的电子式互感器类型如图 2-2 所示。

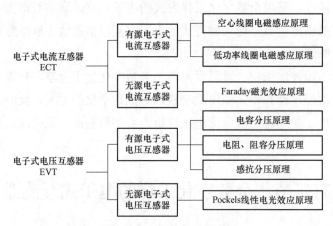

图 2-2　电子式互感器分类

（一）无源电子式互感器工作原理

当一次传感器基于电磁感应原理或电容分压原理时，传感器的输出信号通过一次转换器转换成数字量，再转换为光信号通过光纤传输。由于一次转换器需要供电电源，因此这类传感原理的电子式互感器为有源电子式互感器。而当一次传感器基于光学传感原理时，被测信号的传感信息本身就是光信号，其直接通过光纤传输到二次转换器，这类传感原理的电子式互感器无需一次转换器，也称其为无源电子式互感器。

无源电子式互感器传感头部分不需要复杂的供电装置，整个系统的线性度比较好。

无源电子式电压互感器利用线性电光效应（Pockels 效应）、逆压电效应或电致伸缩效应感应被测信号，目前光学电压互感器大多是基于 Pockels 效应，它的传感头部分是较复杂的光学系统，容易受到多种环境因素的影响，例如温度、震动等，实际应用较少。无源电子式电流互感器利用法拉第（Faraday）磁光效应感应被测信号，传感器部分有块状玻璃和全光纤两种形式。无源电子式互感器基于光学传感原理，传感器的输出光信号即携带有被测电压、电流的信息，由光纤将传感信号传输至主控室或保护小室进行调制和解调，输出数字信号至合并单元（MU），供保护、测控、计量使用。

　　无源电子式互感器的关键技术在于光学传感材料的稳定性、传感头的组装技术、微弱信号调制解调、温度对精度的影响、震动对精度的影响、长期运行的稳定性等。由于无源电子式互感器的电子电路部分均安装在主控室或保护小室，运行条件优越，更换维护方便。

　　1. 无源电子式电流互感器

　　无源电子式电流互感器利用法拉第（Faraday）磁光效应感应被测电流信号，无需一次转换器，传感光纤即携带被测电流信息传输至二次转换器。传感头分为块状玻璃和全光纤两种方式，无源电子式电流互感器的结构框图如图 2-3 所示。

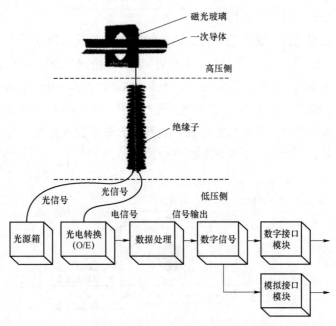

图 2-3　无源电子式电流互感器结构框图

　　无源电子式电流互感器的传感原理如图 2-4 所示。

　　当一束线偏振光通过置于磁场中的磁光材料时，线偏振光的偏振面就会线性地随着平行于光线方向的磁场大小而发生旋转，通过测量其旋转的角度 φ，就可以间接地测量出导体中的电流值 i，其计算公式为

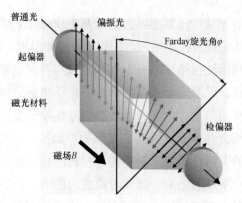

图 2-4 法拉第磁光效应原理

$$\varphi = V \int \bar{H} \mathrm{d}l = Vi \qquad (2-1)$$

式中：φ 为线偏振光偏振面的旋转角度；V 为磁光材料的维尔德（Verdet）常数，由介质和光波的波长决定；l 为光在磁光材料通过的路程；$\bar{H}$ 为被测电流在光路上产生的磁场强度。

利用法拉第磁光效应实现电流传感器有多种方法，其中最具代表性的就是磁光玻璃型电流传感器和全光纤型电流传感器。

（1）磁光玻璃型电流传感器的原理。磁光玻璃型电流传感器的原理如图 2-5 所示，由 LED 产生一束光，首先经过透光轴与水平方向呈 θ 角的起偏器，再经过由光学玻璃制成的传感器，传感器的中心穿过载流导线。光束绕载流导线一周，受到被测电流产生的 Faraday 磁光效应的影响，偏振态发生变化，经过渥拉斯登棱镜检偏输出两束光，分别为从传感器输出光矢的垂直分量和平行分量，这两束光分别进入相应的光电检测器，被转换为电压进入信号处理电路，最终得到被测电流的信息。

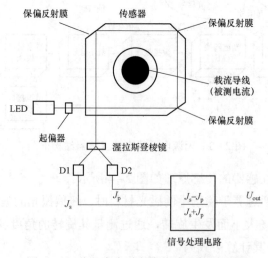

图 2-5 磁光玻璃型电流传感器的原理图

经过光电转换及信号处理后，即可得到与被测电流成正比的输出电压值。

磁光玻璃型电流互感器的光路系统由分离光学元件构成，制作工艺复杂，且易受温度及振动等环境因素的影响，产品化较难。

（2）全光纤电流传感器原理。全光纤电流传感器的工作原理仍为 Faraday 磁光效应，但其传感器的结构非常简单，整个传感器仅由绕在被测通流导体上的 N 匝光纤环构成。其思路主要借鉴于 Sagnac 光纤陀螺技术，光路结构主要有两种：一种是环形 Sagnac 型，另一种是反射式 Sagnac 型，其原理分别如图 2-6 和图 2-7 所示。

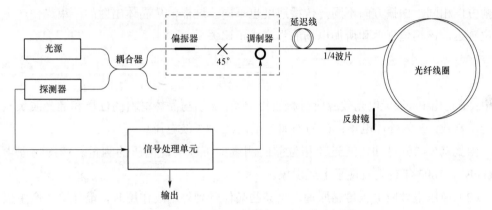

图 2-6　环形 Sagnac 型 FOCT 原理框图

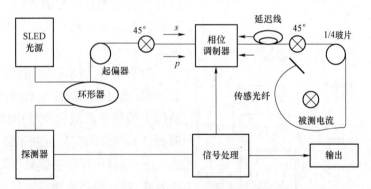

图 2-7　反射式 Sagmac 型光纤电流传感器原理框图

对于环形结构的 Sagnac 干涉型光纤电流传感器，从光源 SLED 发出的光，通过光纤传输到光纤耦合器，耦合器对光源的光进行分路，然后经过光纤起偏器变成线偏振光，通过另一个耦合器将偏振光分成两路，两路光分别被 1/4 波片分成两束圆偏振光，它们分别向左、右两个方向偏转，然后这两束圆偏振光分别沿不同方向进入到传感部分，被测电流 i 产生的磁场作用于传感光纤，由于法拉第磁光效应，圆偏振光在偏振面上发生旋转后经过 1/4 波片又变回线偏振光返回，最后进行相干干涉。由于发生干涉的两束光的旋转角度方向相反且大小相等，因此其相位差产生叠加，叠加效果加倍，为 2 倍的

Faraday 相移。这样只需通过测得输出的两束光的相位差就能获得被测电流。

反射式 Sagnac 型相比环形结构 Sagnac 型而言，使用器件更少。另外，反射式属于全对称光路，在反射镜后面两束偏振光经过的路径完全相同。

2. 无源电子式电压互感器

无源电子式电压互感器的传感原理主要有 Pockels 效应、逆压电效应。

（1）Pockels 效应传感原理。Pockels 效应是指某些晶体材料在外加电场作用下，其折射率随外加电场发生变化的一种现象，亦称为线性电光效应。当一束线偏振光射入外加电场中的电光晶体时，该线偏振光会发生双折射，分解成两束线偏振光，这两束光的传播方向相同，偏振方向不同，传播速度也不同，这样，从晶体出射的两束光便产生了相位延迟，该相位延迟和所加电场的强度成正比关系

$$\delta = kE = \frac{\pi U}{U_\pi} \tag{2-2}$$

式中：δ 是由 Pockels 电光效应所引起的相位差；k 为与晶体材料的性质和通光波长相关的一个常数；E 为外加电场；U 为外加电压；U_π 为半波电压。

由式（2-2）可知，通过该相位差的测量便可以实现电压的测量。德国物理学家 Pockels 于 1893 年首先发现了上述现象。

（2）逆压电效应电压传感原理。当某些晶体受到外电场作用时，晶体除了产生极化以外，同时形状也将产生变化，这种现象被称为逆压电效应。将逆压电效应引起的晶体形变转化为光信号的调制，通过检测被调制的光信号，也可实现外加电场或电压的测量。

如图 2-8 所示，利用椭圆芯双模光纤的特性，通过电场的作用对绕在圆柱形石英晶体上的椭圆芯双模光纤中的相干光进行调制，其相位的变化反映了待测电场/电压的大小。这种电压传感器采用两段椭圆芯双模光纤，第一段作为传感光纤用来感知电场导致的压电形变；第二段作为接收光纤跟踪 LPO1 模和 LPI1 模间相位差的变化。但由于光敏探测器无法响应激光的高频率，所以待测场所产生的相位调制不可能直接被探测到，通常应先把相位调制转换为光强度调制，然后探测光强的变化，即可得到相位的变化。相位差的变化可表示为

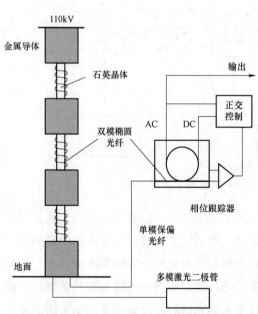

图 2-8　基于逆压电效应的传感器原理框图

$$\Delta\varphi = \frac{2\pi N d_{11} E_x l_t}{\delta l_{2\pi}} \qquad (2-3)$$

式中：E_x 为沿 x 轴方向的电场强度；d_{11} 为石英晶体的压电系数，$d_{11}=2.31\times10^{-12}\text{m/V}$；$l_t$ 为石英晶体的圆周长；N 为绕在石英晶体上的光纤匝数；$\delta l_{2\pi}$ 表示相移为 2π 时的光纤长度的改变量。

基于逆压电效应的传感器不需要偏振器、波片、准直透镜等分立光学器件，避免了若干非有用光学效应对传感信号的干扰，简化了制作工艺。

（二）有源电子式互感器的工作原理

有源电子式互感器利用电磁感应、分压等原理传感被测信号。电流测量采用 Rogowski 线圈电磁感应原理或低功率铁芯线圈电磁感应原理，电压互感器采用电阻、电容或电感分压等方式。有源电子式互感器的一次传感器部分具有需电源供电的电子电路（一次转换器），在一次转换器完成模拟量的数值采样，然后利用光纤将数字信号传送到二次转换器及合并单元。

1. 有源电子式电压互感器

有源 EVT 主要基于分压原理，包括电阻分压、电容分压以及感抗分压等几种典型类型。

（1）电阻分压原理。电阻分压式 EVT 的主要构成为电阻分压器，其原理如图 2-9 所示，分压器由高压臂电阻 R_1 和低压臂电阻 R_2 组成，电压信号在低压侧取出。为防止低压部分出现过电压，保护二次测量装置，须在低压电阻上加装一个放电管 S，使其放电电压略小于或等于低压侧允许的最大电压，其中 U_1 为高压侧输入电压，U_2 为低压侧输出电压。

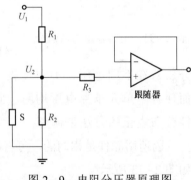

图 2-9 电阻分压器原理图

理想的电阻分压器，分压比 $k=1+\dfrac{R_1}{R_2}$，被测电压和 R_2 上的电压在幅值上相差 k 倍，相角差为零。分压器与其周围低电位的物体间存在的固有电场所引起的杂散电容，是造成测量误差的主要原因。除此以外，电阻元件的稳定性、高压电极电晕放电和绝缘支架的泄漏电流等，都会带来测量误差。在高电压下，电阻尺寸显著增加，必须考虑分压器对地和对高压引线的分布电容，因而电阻分压器通常应用在 35kV 及以下电压等级的场合。

（2）电容分压原理。电容分压器是电容分压式 EVT 的信号获取单元，经过多年的发展与应用，技术已经相当成熟，是较理想的高电压测量方式。其原理如图 2-10 所示，C_1、C_2 分别为分压器的高、低压臂，U_1 为一次电压，U_{C1}、U_{C2}

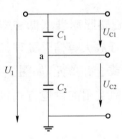

图 2-10 电容分压器原理图

为分压电容上的电压。

由于两个电容串联，所以有

$$U_1 = U_{C1} + U_{C2} \tag{2-4}$$

根据电路理论，可以得出

$$U_{C2} = \frac{C_1}{C_1 + C_2} U_1 = KU_1 \tag{2-5}$$

式中：K 为分压器的分压比，$K = C_1 / (C_1 + C_2)$。只要适当选择 C_1 和 C_2 的电容量，即可得到所需的分压比，一次电压和二次电压只存在简单的比例关系，电容分压器结构简单、本身不发热，温度稳定性相对较好。

电容分压器的分压比稳定是关键，电容分压器的分压比与其结构有关。通常由于单个电容器的耐压不够，高电压等级的电容分压器由多个小电容通过串联、并联的形式构成，如图 2-11 所示。

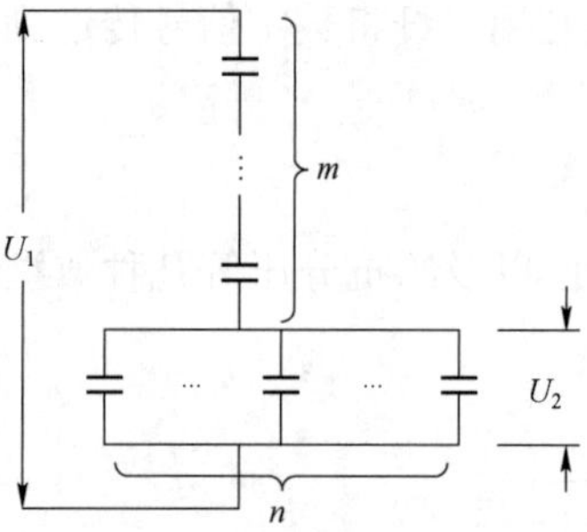

采用此结构的电容分压器只要 C_i 的温度系数一致，从理论上完全可以消除温度变化的影响。但实际应用中，由于温度分布不均匀，这种结构不一定能完全消除温度变化的影响。

（3）感抗分压原理。基于感抗分压原理的 EVT 结构如图 2-12 所示，串联感应分压器参照串级式电压互感器的原理制成。平衡绕组和耦合绕组的作用是保证感应分压器在不同电压、不同负载（允许范围内）时，各个电抗器单元的磁动势平衡，而使各个单元承受电压均衡。匝数的具体数值必须在初步设计后，再通过测量各元件分布电压的方法来调整。

图 2-11　电容器串并联组合

因所用元件是相同的，可将串联感应分压器看作是均匀分布电路，此时其等值电路如图 2-13 所示。

输出电压由稳态分量和暂态分量（误差）两部分构成，稳态分量由 X/H 决定，即由 $L_2/(L_1+L_2)$ 决定。误差分量起始时不为零，随着时间的增长，将衰减为零。可看出：分布电容 C_e 越大，误差越大；纵向电容 C_k 越大，误差越小。

2. 有源电子式电流互感器

有源电子式电流互感器的一次传感器主要基于空心线圈电磁感应原理或低功率线圈电磁感应原理，传感器的输出信号经过一次侧的一次转换器进行放大等信号处理，并就地模数转换后再转换成光信号经由传输光纤远传至二次转换器或合并单元，如图 2-14 所示。一次转换器（见图 2-15）的电子电路需要供电电源，目前实用的供电方式包括采用激光供能方式、利用 TA 母线取能方式或者两种方式相结合。

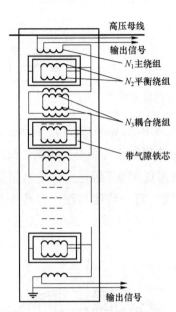

图 2-12　串联感应分压器原理图

N_1—分压器主绕组；N_2—平衡绕组；N_3—耦合绕组

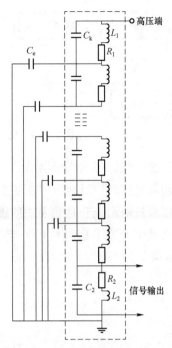

图 2-13　串联感应分压器等值电路

L_1、L_2—高压线圈电感值和低压线圈电感值；

R_1、R_2—高压线圈和低压线圈的内阻；

C_e—对地分布电容；C_k—线圈纵向电容

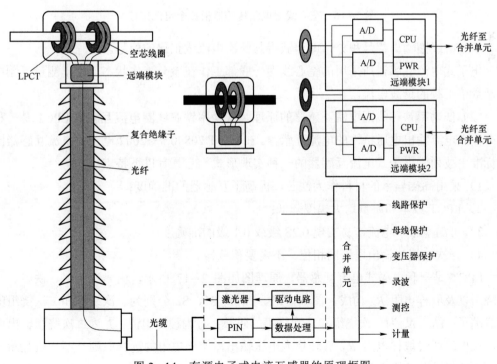

图 2-14　有源电子式电流互感器的原理框图

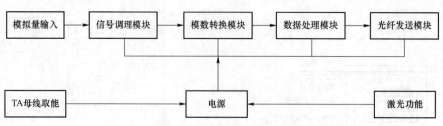

图 2-15　电子式互感器一次转换器原理框图

（1）空心线圈电流买感器原理。空心线圈，又称为 Rogowski 线圈，是一种较成熟的电流测量元件，广泛地应用在各个领域。其特点为被测电流几乎不受限制，反应速度快，可以测量前沿上升时间为纳秒级的电流，准确度可优于 0.2 级。

空心线圈是在非磁性材料骨架上均匀密绕的线圈，每一线匝与线圈轴线垂直，如图 2-16 所示。

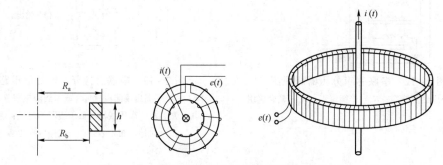

图 2-16　空心线圈电流传感器根据全电流定律

将空心线圈输出信号积分，即可获得与一次电流成正比的信号。

电子式电流互感器所采用的空心线圈一般都工作在微分工作状态，用于测量工频电流及数倍工频的谐波电流。

（2）低功率铁芯线圈电流互感器的原理。低功率铁芯线圈电流互感器 LPCT 是一种具有输入电流输出电压特性的电流互感器。在 GB/T 20840.8—2007 电子式电流互感器国家标准中被列为电子式电流互感器的一种实现形式，它具有以下特点：

1）采用高磁导率的材料作为铁芯，提高了互感器的准确度；

2）LPCT 成本和质量均大幅度降低；

3）可测量较小电流，易实现 0.2S 级或 0.1 级的准确度；

4）一次电流与输出电压同相位，不需要积分器。

LPCT 是一种电磁式电流互感器，原理图如图 2-17 所示，由一次绕组、铁芯、二次绕组以及取样电阻 R_{sh} 构成。图中，P1、P2 和 S1、S2 分别为一次绕组和二次绕组的接线端子；N_P、N_S 为一次绕组和二次绕组的匝数；I_P 为被测电流；I_s 为二次绕组输出电流，该电流通过取样电阻 R_{sh} 后转换为电压输出，取样电阻的选择原则是不构成互感器的功率消耗；R_b 为负载阻抗。

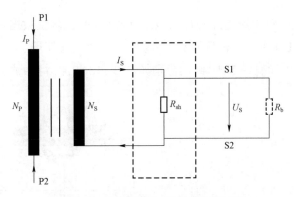

图 2-17　低功耗电流互感器 LPCT

LPCT 输出电压与被测电流的关系为

$$U_S = I \frac{N_P}{N_S} R_{sh} \qquad (2-6)$$

由式（2-6）可知，LPCT 与传统电流互感器有很大的不同，传统电流互感器的二次输出为 1A 或 5A 的电流信号，可以驱动较大的负载，而 LPCT 的二次输出为电压信号，整个互感器的功率消耗较低，且该输出电压特别适合模数转换。

二、电子式互感器的结构

电子式互感器根据实现的原理分为有源和无源两种，根据结构形式，电子式电流互感器分为独立式、倒置式和 GIS 式，而电子式电压互感器分为独立式和 GIS 式。

（一）电子式电流互感器结构

ECT 根据应用的对象不同，其结构大体包括独立式 ECT、倒置式 ECT 以及 GIS 式 ECT。

1. 独立式 ECT

独立式 ECT 主要应用在户外变电站，电流传感器的输出信号通过光纤绝缘子传输至控制室。独立式 ECT 主要由四部分组成：

（1）一次传感器位于高压侧，可能为空心线圈电流传感器、低功率线圈电流传感器或全光纤电流传感器，用于传感被测电流信号。

（2）一次转换器也称远端电子模块，位于高压侧。对于无源电子式电流互感器，其传感器由全光纤构成，无一次转换器。对于有源电子式电流互感器，一次转换器将传感器的输出信号转换成数字信号，同时通过光纤远传。一次转换器的工作电源通常由合并单元内的激光器供能或 TA 母线取能线圈提供。

（3）光纤绝缘子为内嵌光纤的实心支柱式复合绝缘子，绝缘子内嵌一定数量的传输光纤，光纤绝缘子高压端光纤与一次转换器对接，低压端光纤以熔接的方式与传输信号的光缆对接。

（4）二次转换器及合并单元通常置于控制室，接收并处理三相电流互感器及三相电压互感器输出的数据,对电流电压测量信号进行同步,并将测量数据按规定的协议[GB/T 20840.8—2007 或 DL/T 860（IEC 61850）]输出供二次设备使用。

独立式无源 ECT 和有源 ECT 结构分别如图 2-18 和图 2-19 所示。

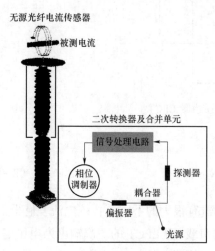

图 2-18　独立式无源 ECT 结构图

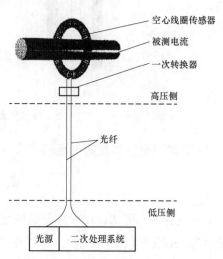

图 2-19　独立式有源 ECT 结构图

2. 倒置式 ECT

如图 2-20 所示,电流母线通过绝缘子引至互感器的底部,穿过置于互感器底部腔体内的穿心式电流传感器,底部腔体外壳为地电位。传感器的输出通过屏蔽电缆连接到位于地电位上的一次转换器,在一次转换器内进行信号处理和模数转换后通过光纤远传至二次转换器和合并单元。

图 2-20　倒置式 ECT 的外观图

3. GIS 用 ECT

GIS 用的无源 ECT 结构如图 2-21 所示,为三相共箱型,三个电流传感光纤环分别套在三相电流母线上,传感器输出光纤穿出腔体至二次转换器及合并单元。GIS 用有源 ECT 的结构与无源 ECT 的结构类似。传感器输出信号经过屏蔽线与密封端子板连接并引出端子箱，然后接入采集器。采集器固定于接地外壳上，对信号进行处理，并以数字光信号的形式输出远传至二次转换器及合并单元。

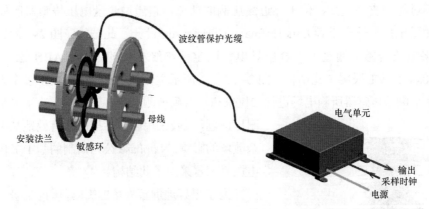

图 2-21 GIS 用三相共箱型无源 ECT 的结构图

（二）电子式电压互感器的结构

电子式电压互感器由于其传感原理和应用对象不同，结构形式有所不同，甚至差别很大，根据外部结构不同，有源电子式电压互感器主要分为独立式和封闭式气体绝缘组合电器 GIS 式两种。

1. 独立式 EVT

独立式 EVT 是指直接应用于户外变电站测量线路电压，其安装时互感器需要独立支撑绝缘子。独立式 EVT 有基于无源电光效应原理、电容分压原理、感抗分压原理，其互感器外部特征为一支柱绝缘子。

（1）独立式无源电子式电压互感器。独立式无源电子式电压互感器 PEVT 的典型结构如图 2-22 所示。

图 2-22（a）的绝缘主体为一电容器，通过磁光效应电流传感器测量电容器的电容电流来感知被测电压，美国田纳西州电管局于 1989 年挂网试运行的 161kV PEVT 采用了此结构。图 2-22（b）和（c）均为电容分压型 PEVT，被测电压经过电容分压器降至较小电压再施加于电压传感器上，其中图 2-22（b）从电容分压器的低压端取电压，日本日立公司制作所于 1987 年挂网试运行的 77kV PEVT 采用了此结构；图 2-22（c）则是从电容分压器的高压端取

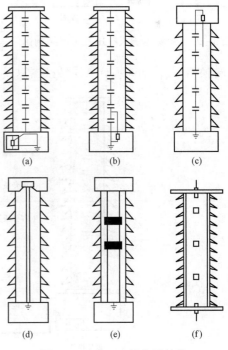

图 2-22 PEVT 的典型结构

电压，法国 GEC ALSTHOM 公司在 1997 年推出的 123～765kV PEVT，采用了此结构。而图 2-22（d）、（e）和（f）则属于无电容分压型电压互感器，图 2-22（d）中的电压传感器通过绝缘支柱支撑，位于靠近高压侧的部位，它通过测量电压传感器所处的电场来间接测量电压，丹麦学者 Lars Hofmann Christensen 设计了此结构；图 2-22（e）所示结构是将电压传感器通过上下金属导电杆固定于绝缘支柱的中部，ABB 公司研制的 115～550kV PEVT 采用了此结构；图 2-22（f）所示主体绝缘支柱腔内嵌了多个电压传感器，将多个电压传感器所测电场进行加权求和，得到被测电压，该结构解决了单个晶体的耐压问题，以及采用阻容性屏蔽体有效地减小了外界杂散场的影响。Nxtphase 公司研制的基于多传感器的电压互感器采用了此结构。

为了更好地屏蔽外场的影响，国内某研究单位开发了如图 2-23 所示的 PEVT 结构，电压传感器安装在互感器绝缘子的底部，外部接地罐体对电压传感器起到了很好的外场屏蔽作用。被测高电压通过高压电极经由绝缘套管加在电压传感器的上方，高压电极与接地罐体之间的绝缘由绝缘盆得到加强。电压传感器的输出光信号穿出绝缘子，在绝缘子底部的接地支撑架内或者控制室内进行信号解调。

（2）独立式有源电子式电压互感器。典型的独立式有源电子式电压互感器的结构如图 2-24 所示，主要由四部分组成：电容分压器、远端模块（一次转换器）、传输光缆、二次转换器以及合并单元。

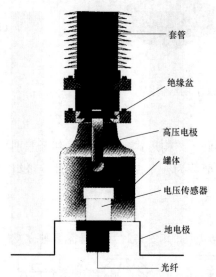

图 2-23　无源电子式电压互感器结构图

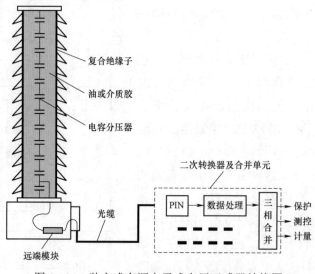

图 2-24　独立式有源电子式电压互感器结构图

电容分压器将被测高电压分出一较低电压信号给远端模块进行处理。电容分压器的绝缘介质可以根据用户要求采用油或介质胶，两种绝缘介质的电容分压器均能满足绝缘要求。电容分压器的外绝缘采用硅橡胶复合绝缘子，质量较轻。

2. GIS（封闭式气体绝缘组合电器）式 EVT

由于 GIS 本体结构的特殊性，应用于 GIS 的电压互感器与独立式电压互感器在结构上有较大区别。GIS 内充 SF_6 气体增强绝缘性能，其壳体为地电位，利用 GIS 独特的结构，通常采用同轴电容分压的原理，如图 2-25 所示，高压导体、电容环（中间电极）和接地外壳构成电压传感器（电容分压器），高低压间以 SF_6 气体绝缘。中间电极通过密封端子板引出接入采集器（一次转换器）。采集器固定于接地外壳上，对电容分压器输出的信号进行处理，并以串行数字光信号的形式输出。

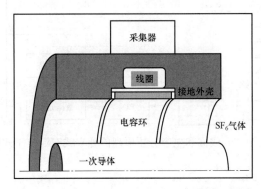

图 2-25 GIS 用电子式电压互感器原理框图

（三）电子式组合互感器

将电压和电流测量结合起来，组成组合型电子式电流/电压互感器。它用一套绝缘支柱传输被测电压和电流信息，既可以减少占地面积、节省器材，又可以快速方便地得到电压、电流和电能的信息。

电子式组合互感器可分为独立式有源电子式组合互感器和 GIS 式有源电子式组合互感器。

1. 独立式有源电子式组合互感器

独立式有源电子式组合互感器是将独立式电子/电压互感器进行组合，形成可同时传输被测电压和电流信息的电子式互感器。图 2-26 所示为采用空心线圈和电容分压原理的独立式有源电子式组合互感器的原理图。图 2-27 为采用全光纤和电容分压原理无源电子式组合互感器原理图。

2. GIS 电子式组合互感器

GIS 电子式组合互感器充分利用 GIS 气体绝缘的结构特点，将电流/电压传感器组合在箱体内，实现对电流和电压的同时测量，互感器罐体、电流传感器、LPCT、电压传感

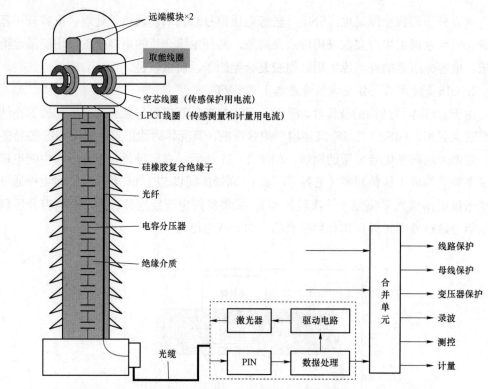

图 2-26　采用空心线圈和电容分压原理的独立式有源电子式组合互感器

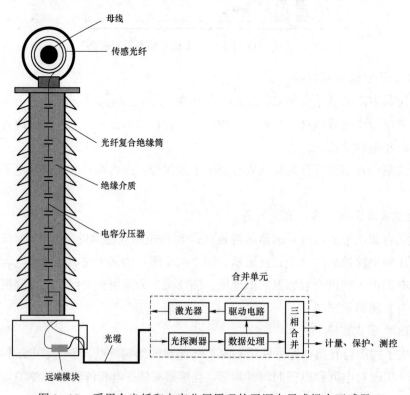

图 2-27　采用全光纤和电容分压原理的无源电子式组合互感器

器及远端模块一体化设计，绝缘结构简单可靠。GIS 电子式组合互感器根据传感器原理不同，也可分为有源和无源两种，图 2-28 所示为三相共箱结构 GIS 型有源电子式组合互感器。图 2-29 为全光纤电流传感器的 GIS 无源电子式组合互感器。

图 2-28 三相共箱结构 GIS 电子式互感器

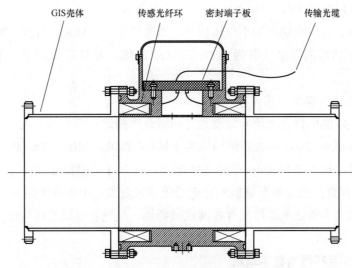

图 2-29 GIS 无源电子式组合互感器结构

三、电子式互感器与合并单元的接口及通信协议

GB/T 20840.7—2007 和 GB/T 20840.8—2007 对电子式互感器的输出及接口形式给出了部分指导性建议。

电子式互感器的输出包括数字输出和模拟输出。标准对数字输出和模拟输出的额定值进行了规范，对模拟输出的介质接口未做特殊规定，但对合并单元的数字输出给出了详尽的规范要求，包括额定值、接口介质以及通信协议等。

（一）电子式互感器的模拟输出

1. 电子式互感器模拟输出的标准值

对于电子式电压互感器，GB/T 20840.7—2007 关于模拟输出标准值的规定如下。

（1）对单相系统或三相系统间的单相互感器及三相互感器，模拟输出电压标准值为 1.625、2、3.25、4V 和 6.5V。

（2）用于三相系统对地的单相互感器，其额定一次电压为某数除以 $\sqrt{3}$，下列值为标准值：$1.625/\sqrt{3}$、$2/\sqrt{3}$、$3.25/\sqrt{3}$、$4/\sqrt{3}$ V 和 $6.5/\sqrt{3}$ V。

对于电子式电流互感器，GB/T 20840.8—2007 关于模拟输出标准值的规定如下。

（1）在额定一次电流下，模拟输出额定二次电压方均根值的标准值为：22.5mV、40mV、100mV、150mV、200mV、225mV、1V、4V。

（2）对于在中压系统中通常不使用二次转换器的情况，其标准额定值为：

1）22.5mV 和 225mV，用于输出电压正比于电流的电子式电流互感器（例如带内装负荷的铁芯式互感器）。

2）150mV，用于输出电压正比于电流导数的电子式电流互感器（例如空心线圈）。

3）中压系统中，对于使用二次电子转换器的情况，其标准额定值：在保护用时为 200mV，在测量用时为 4V。

电子式互感器的模拟输出为小电压信号，其带负载能力较弱。GB/T 20840.8—2007 中规定电子式互感器的额定负荷为 2kΩ、20kΩ、2MΩ，并且总负荷须大于或等于额定负荷。

2. 电子式互感器模拟输出接口

电子式互感器的模拟输出信号需要通过传输介质传送至相应的二次设备。对于接口介质，GB/T 20840.8—2007 中推荐使用三种接插件：ODU-MINI-SNAP、RG-108A 的 Twin-BNC 夹持式插头和 Phoenix 微型接插件。对于 LPCT 的模拟输出信号，IEC 61869-6 《互感器 第 6 部分：低功率互感器的补充通用技术要求》中推荐使用 8 芯屏蔽式 M12 自由接插件。标准中所推荐的接插件在其机械特性、电气特性以及环境能力等方面具有较优良的性能。

（二）电子式互感器的数字输出

1. 电子式互感器的数字输出标准值

电子式互感器的标准文件对数字输出做了一致性要求，并表现在其实现方法上，包括额定输出的标准值和通信技术。电子式互感器数字输出额定值如表 2-1 所示。

表 2-1　　　　　　　　　　　电子式互感器的数字输出额定值

额定值	测量用 ECT （比例因子 SCM）	保护用 ECT （比例因子 SCP）	EVT （比例因子 SV）
量程标志 （range-flag=0）	2D41H （十进制 11585）	01CFH （十进制 463）	2D41H （十进制 11585）
量程标志 （range-flag=1）	2D41H （十进制 11585）	00E7H （十进制 231）	2D41H （十进制 11585）

注　所列 16 进制数值，在数字侧代表额定一次值（皆为均方根值）。

在 GB/T 20840.7—2007 和 GB/T 20840.8—2007 中，合并单元 MU 被作为电子式互感器的一个部件介绍，电子式互感器的数字输出通信协议指的是合并单元的输出及通信。因此，前述两种数字化方案，其输出是一致的。

对全数字化采样的电子式互感器来说，一次转换器输出即为数字量，通过光纤与合并单元传输，这部分通信协议在 DL/T 282 中进行了规定，采用 FT3 协议。

2. 电子式互感器与合并单元的接口

将合并单元作为一个独立设备时，表 2-2 电子式互感器数字输出的额定值即指 ECT/EVT 二次转换器输出的额定值。

ECT/EVT 与 MU 之间的数据传输接口采用串行传输方式，可采用异步方式传输，也可采用同步方式传输。传输介质采用光纤。

（1）异步方式传输。

1）MU 和电子式互感器的数据通信参照 GB/T 18657.1—2002《远动设备及系统 第5 部分：传输规约 第 1 篇：传输帧格式》的 FT3 固定长度帧格式，数据传输帧格式见表 2-2～表 2-6。

2）电子式互感器与 MU 之间宜采用多模光纤，高位（对应 DART 空闲位）定义为"光纤灭"，低位定义为"光纤亮"，传输速率为 2.0Mbit/s 或其整数倍。采样率为 4000Hz，帧格式Ⅰ、Ⅱ、Ⅲ的传输速率宜为 2.0Mbit/s，帧格式Ⅳ的传输速率宜为 4.0Mbit/s。采样率为 12 800Hz，帧格式Ⅰ、Ⅱ、Ⅲ的传输速率宜为 6.0Mbit/s，帧格式Ⅳ的传输速率宜为 8.0Mbit/s a 光波长范围为 820～860nm（850nm），光缆类型为 62.5/125Lm 多模光纤，光纤接头宜采用 ST 或 FC 接头。

采用工业标准 DART 电路进行异步数据流通信。每个字符由 11 位组成，1 个启动位为"0"，8 个数据位，1 个偶校验位，1 个停止位为"1"。

3）帧结构的说明：

a. 每帧固定长度，每个字节 8 位。

b. 每帧由起始符开始，起始符由两个字节组成，固定为 0564H。数据帧格式见表 2-3～表 2-6。

c. 报文类型：表示不同的帧类型和数据长度、信息排序，分为 4 种类型，分别为单相电流电压互感器、三相电流互感器、三相电压互感器和三相电流电压互感器。

d. 保护用数据、测量用数据由两个字节表示一个数据。

e. 保护用电流数据 1 和 2，电压数据 1 和 2 为通道的冗余采样数据。

f. 温度（1 字节）：带符号整数（二进制补码），对应摄氏度。如采集器无测温功能置为 0×80（−128，正常情况下不可能的温度）。

g. 状态字 1、2 分别由 2 个字节表示多种状态。

h. 用户数据之后跟随一个 16 位的 CRC 校验序列，由下列多项式生成校验，序列码：$X16+X13+X12+X11+X10+X8+X6+X5+X2+1$，生成的 16 比特校验序列再取反成为所要求的校验序列。

表2-2　　　　　　　　　　数据传输帧格式Ⅰ（单相互感器）

bit 位	2^7	2^6	2^5	2^4	2^3	2^2	2^1	2^0
起始符	0	0	0	0	0	1	0	1
	0	1	1	0	0	1	0	0
用户数据 （16 字节）	msb	报文类型（0×01）						lsb
	msb	温度（℃）						lsb
	msb	额定延时时间 t_{dr}（μs）						
								lsb
	msb	DataChannel 1 号保护用电流数据 1						
								lsb
	msb	DataChannel 2 号保护用电流数据 2						
								lsb
	msb	DataChannel 3 号测量用电流数据						
								lsb
	msb	DataChannel 4 号本相电压 1						
								lsb
	msb	DataChannel 5 号本相电压 2						
								lsb
	msb	状态字 1						
								lsb
CRC	msb	用户数据的 CRC 校验						
								lsb
用户数据 （4 字节）	msb	状态字 2						
								lsb
	msb	SmpCnt						
								lsb
CRC	msb	用户数据的 CRC 校验						
								lsb

表2-3　　　　　　　　　　数据传输帧格式Ⅱ（三相电流互感器）

bit 位	2^7	2^6	2^5	2^4	2^3	2^2	2^1	2^0
起始符	0	0	0	0	0	1	0	1
	0	1	1	0	0	1	0	0
用户数据 （16 字节）	msb	报文类型（0×02）						lsb
	msb	温度（℃）						lsb
	msb	额定延时时间 t_{dr}（μs）						
								lsb
	msb	DataChannel 1 号 A 相保护用电流数据 1						
								lsb

续表

bit 位	2^7	2^6	2^5	2^4	2^3	2^2	2^1	2^0
用户数据（16 字节）	msb			DataChannel 2 号 A 相保护用电流数据 2				
								lsb
	msb			DataChannel 3 号 B 相保护用电流数据 1				
								lsb
	msb			DataChannel 4 号 B 相保护用电流数据 2				
								lsb
	msb			DataChannel 5 号 C 相保护用电流数据 1				
								lsb
	msb			DataChannel 6 号 C 相保护用电流数据 2				
								lsb
CRC	msb			用户数据的 CRC 校验				
								lsb
用户数据（12 字节）	msb			DataChannel 7 号 A 相测量用数据				
								lsb
	msb			DataChannel 8 号 B 相测量用数据				
								lsb
	msb			DataChannel 9 号 C 相测量用数据				
								lsb
	msb			状态字 1				
								lsb
	msb			状态字 2				
								lsb
	msb			SmpCnt				
								lsb
CRC	msb			用户数据的 CRC 校验				
								lsb

表 2-4　　　　　　数据传输帧格式Ⅲ（三相电压互感器）

bit 位	2^7	2^6	2^5	2^4	2^3	2^2	2^1	2^0
起始符	0	0	0	0	0	1	0	1
	0	1	1	0	0	1	0	0
用户数据（16 字节）	msb			报文类型（0×03）				lsb
	msb			温度（℃）				lsb
	msb			额定延时时间 t_{dr}（μs）				
								lsb
	msb			DataChannel 1 号 A 相电压 1				
								lsb

续表

bit 位	2^7	2^6	2^5	2^4	2^3	2^2	2^1	2^0
用户数据（16字节）	msb			DataChannel 2 号 A 相电压 2				
								lsb
	msb			DataChannel 3 号 B 相电压 1				
								lsb
	msb			DataChannel 4 号 B 相电压 2				
								lsb
	msb			DataChannel 5 号 C 相电压 1				
								lsb
	msb			DataChannel 6 号 C 相电压 2				
								lsb
CRC	msb			用户数据的 CRC 校验				
								lsb
用户数据（6字节）	msb			状态字 1				
								lsb
	msb			状态字 2				
								lsb
	msb			SmpCnt				
								lsb
CRC	msb			用户数据的 CRC 校验				
								lsb

表 2-5　　　　数据传输帧格式Ⅳ（三相电流电压互感器）

bit 位	2^7	2^6	2^5	2^4	2^3	2^2	2^1	2^0
起始符	0	0	0	0	0	1	0	1
	0	1	1	0	0	1	0	0
用户数据（16字节）	msb			报文类型（0×04）				lsb
	msb			温度（℃）				lsb
	msb			额定延时时间 t_{dr}（μs）				lsb
	msb			DataChannel 1 号 A 相保护用电流数据 1				
								lsb
	msb			DataChannel 2 号 A 相保护用电流数据 2				
								lsb
	msb			DataChannel 3 号 B 相保护用电流数据 1				
								lsb
	msb			DataChannel 4 号 B 相保护用电流数据 2				
								lsb
	msb			DataChannel 5 号 C 相保护用电流数据 1				
								lsb
	msb			DataChannel 6 号 C 相保护用电流数据 2				
								lsb

续表

bit 位	2^7	2^6	2^5	2^4	2^3	2^2	2^1	2^0
CRC	msb			用户数据的 CRC 校验				
								lsb
用户数据（16 字节）	msb			DataChannel 7 号 A 相测量用电流数据				
								lsb
	msb			DataChannel 8 号 B 相测量用电流数据				
								lsb
	msb			DataChannel 9 号 C 相测量用电流数据				
								lsb
	msb			DataChannel 10 号 A 相电压 1				
								lsb
	msb			DataChannel 11 号 A 相电压 2				
								lsb
	msb			DataChannel 12 号 B 相电压 1				
								lsb
	msb			DataChannel 13 号 B 相电压 2				
								lsb
	msb			DataChannel 14 号 C 相电压 1				
								lsb
CRC	msb			用户数据的 CRC 校验				
								lsb
用户数据（8 字节）	msb			DataChannel 15 号 C 相电压 2				
								lsb
	msb			状态字 1				
								lsb
	msb			状态字 2				
								lsb
	msb			SmpCnt				
								lsb
CRC	msb			用户数据的 CRC 校验				lsb
								lsb

表 2-6　　　　数据传输帧格式 V（DL/T 860.92 协议，基于 ISO/IEC 8802-3 的以太网帧结构）

字节	类型	2^7	2^6	2^5	2^4	2^3	2^2	2^1	2^0
1									
2	—				前导字段 Preamble				
3									

续表

字节	类型	2^7	2^6	2^5	2^4	2^3	2^2	2^1	2^0
4	—								
5		前导字段 Preamble							
6									
7									
8	—	帧起始分隔符字段 Start-of-Frame Delimiter（SFD）							
9	MAC 报头 Header MAC	目的地址 Destination address							
10									
11									
12									
13									
14									
15		源地址 Source address							
16									
17									
18									
19									
20									
21	优先级标记 Priorty tagged	TPID							
22									
23		TCI							
24									
25	—	以太网类型 Ethertype							
26									
27	以太网类型 PDU Ether-type PDU	APPID							
28									
29		长度 Length							
30									
31		保留 1 reserved1							
32									
33		保留 2 reserved2							
34									
35	—	APDU							
	—	可选填充字节							
	—	帧校验序列							

（2）同步方式传输。

1）传输介质宜采用光纤传输系统，高位定义为"光纤亮"，低位定义为"光纤灭"。

传输比特速率为 2.5Mbit/s 或其整数倍。采样率为 4000Hz，帧格式Ⅰ、Ⅱ、Ⅲ、Ⅳ的传输比特速率宜为 2.5Mbit/s 采样率为 12 800Hz，帧格式Ⅰ、Ⅱ、Ⅲ、Ⅳ的传输比特速率宜为 5.0Mbit/s。光波长范围为 820～860nm（850nm），光缆类型为 62.5/125μm 多模光纤，光纤接头宜采用 ST 或 FC 接头。

2）数字编码采用曼彻斯特编码。首先传输 MSB（最高有效位）。

曼彻斯特编码（manchester encoding），也称为相位编码（PE），是一种同步时钟编码技术，用于实现对数据的自同步，常用于局域网传输。在曼彻斯特编码中，每一位的中间有一跳变，位中间的跳变既作时钟信号，又作数据信号；从高到低跳变表示"0"，从低到高跳变表示"1"。如图 2-30 所示。在传输代码信息的同时，也将时钟同步信号一起传输到对方，每位编码中有一跳变，不存在直流分量，因此具有自同步能力和良好的抗干扰性能。但每一个码元都被调成两个电平，所以数据传输速率只有调制速率的1/2。

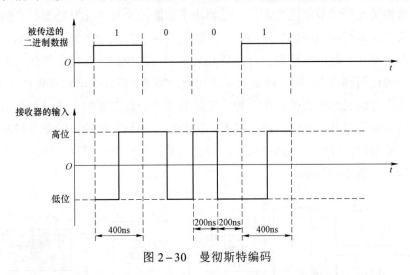

图 2-30　曼彻斯特编码

应用层帧格式与异步方式相同。

第三节　传统电磁式互感器的数字化应用

采用全数字化采集的电子式互感器在变电站实际应用中，出现保护误动作的情况，反映出此类型互感器技术的不成熟，设备性能的不稳定。变电站的保护系统必须具有高可靠性，而现阶段电子式互感器在应用中表现出来的不稳定，严重影响全数字化采集技术的电子式互感器的应用。而传统（电磁或电容式）互感器经过长期的使用，具备稳定可靠的特性。把传统互感器作为电流电压传感器的一种，经过传统互感器后的二次信号通过采集器输出数字量，实现数字化。这种方案也将一次电流电压经过互感器和采集器传输出数字量，与通常意义上讲的电子式互感器从功能上是一样的，现在业内通常采用常规互感器加合并单元的方案。两种方案如图 2-31、图 2-32 所示。

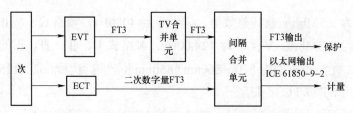

图 2-31 采用全数字化采样的数字化方案

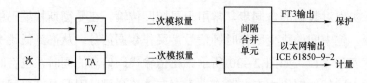

图 2-32 采用常规电磁式互感器的数字化方案

采用常规传统器的数字化方案，一是解决了现阶段全数字化互感器采样的可靠性问题，同时又实现系统的数字化、网络化。在此把互感器作为电子式互感器的传感器，采集器放在合并单元。此时互感器到合并单元之间的二次模拟量传输会产生误差，解决这个误差可以通过两种方案，第一种是合并单元就地布置，把合并单元布置在互感器现场，基本消除二次导线引起的误差；第二种方案因为二次导线引起的误差是线性的，所以可通过合并单元特性调节，抵消这部分误差，也即使一次到二次输出的误差控制在互感器本身的精度范围内。对于计量系统来说，合成误差与全数字化采样一样，就等于互感器本身的误差。如图 2-33 所示。

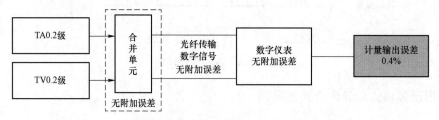

图 2-33 常规电磁式互感器数字化计量系统的误差

第四节 合 并 单 元

根据 DL/T 282《合并单元技术条件》，合并单元被定义为用以对来处二次转换器的电流和/或电压数据进行时间相关组合的物理单元。合并单元可以是互感器的一个组件，也可以是一个分立单元。因此，合并单元是指对一次互感器传输过来的电气量进行合并和同步处理，并将处理后的数字信号按照特定格式转发给间隔层设备使用的装置。一次互感器传输过来的电气量可以是数字量和模拟量，对于一次互感器为全数字化采样时，就是以 FT3 格式传输的数字量，当一次互感器为传统电磁式互感器时，传输的就是模拟量。

一、概述

智能变电站内信息的实时同步采集，是实现智能变电站各种应用功能的基础，无论控制、保护，还是状态监测、电能计量的计算处理，都要求电压电流应在同一个时间点上被采集，以免产生相位和幅值误差。为了获得智能变电站全站内同步的电压电流数据信息，电子式互感器与二次设备之间需要装设合并单元。

合并单元（MU）是实现数字化的终端设备，为智能电子设备提供一组时间同步（相关）的电流和电压采样值。用以对来自一次互感器或合并单元的电流和/或电压数据进行时间相关组合的物理单元。合并单元可以是互感器的一个组件，也可以是一个分立单元，例如装在控制室内。其主要功能是汇集（或合并）多个互感器的输出信号，获取电力系统电流和电压瞬时值，并以确定的数据品质传输到电力系统电气测量仪器和继电保护设备。其每个数据通道可以传送一台和（或）多台的电流互感器和（或）电压互感器的采样值数据。

对于多相或组合单元，多路数据可以通过一个实体接口从电子式互感器的二次转换器传输到合并单元。二次转换器也可以从电磁式电压互感器或电磁式电流互感器获取信号，并可汇集到合并单元。在另外一些情况下，合并单元除了组合各电流和电压外，还可能同时组合了相应的开关设备状态量和控制量。

MU 对来自一个设备间隔（一套包括互感器在内的主相开关设备的总称）的各电流和电压，按 DL/T 860.92 进行合并和传输。

MU 能输出若干组数字量信号分别满足继电保护、测量、计量等不同应用的要求。

典型的合并单元结构框图如图 2-34 所示。

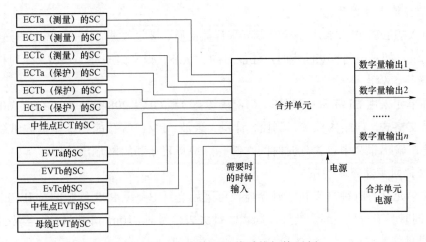

图 2-34　合并单元及其系统架构示例

注：EVTa 的 SC 表示 a 相电子式电压互感器的二次转换器，ECTa 的 SC 表示 a 相电子式电流互感器的二次转换器。可能有其他通道布局作为互感器与保护、计量、测控设备的接口装置，合并单元的功能包括：接收 ECT、EVT 输出的数字信号；对 ECT、EVT 采样值有效性（失步、失真）的判别，对故障数据事件进行记录；以 DL/T 860.92—2006《变电站通信网络和系统　第9-2部分：特定通信服务映射（SCSM）映射到 ISO/IEC 8802-3 的采样值》规定的数据格式通过以太网向保护、测控、计量、录波、PMU 等智能电子设备输出采样值，同时提供符合 DL/T 860 规范的 ICD 文件；接收外部基准时钟的同步信号并具有守时功能；每周波采样点应可以通过硬件或软件配置。另外，还需具有接收传统电磁式模拟输出量的功能。

合并单元的主要功能是通过五个功能模块实现的，包括与一次互感器的传输信号的 A/D 采样/采样数据接收模块、与计量保护及测控设备接口的数据组帧发送模块、数据同步处理模块、逻辑判别以及同步功能模块，具体如图 2-35 所示。

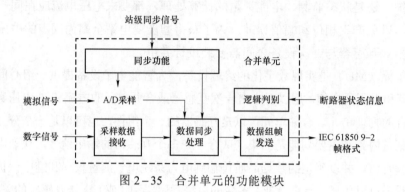

图 2-35　合并单元的功能模块

（一）合并单元的功能

1. 交流模拟量

合并单元具有 A/D 采样模块，具有交流模拟量采集的功能，以采集传统 TA/TV 输出的二次模拟信号，实现数字化。

2. 接收 ECT/EVT 数字信息

通过光纤实时接收 ECT/EVT 或其他合并单元输出的采样值报文。可通过 DL/T 860.92（IEV 61850-9-2）或 GB/T 20840.8（FT3）（IEC 60044-8）报文格式接收光纤同步串口信号。

3. 采样值有效性处理

对接入的 ECT/EVT 或其他合并单元采样值品质、接收数据周期等异常事件进行判别、处理并记录。如采用同步法同步时，还能对同步状态、报文错序进行差别、处理和记录。

4. 采样值输出

合并单元采用 DL/T 860.92（IEV 61850-9-2）和 GB/T 20840.8（FT3）（IEC 60044-8）规定的报文格式，向站内保护、测控、计量、录波、PMU 等智能电子设备输出经同步后的采样值。输出报文中包含延时时间，具有点地点直连和组网输出接口。

5. 时钟同步及守时功能

合并单元具有时钟同步和守时功能，可采用光纤 B 码、PPS 秒脉冲及 IEEE 1588 同步方式。同时具有守时功能，当外部同步时钟失去信号时，10min 内时钟误差应小于 4μs。

6. 提供同步信号

MU 具有提供同步信号的功能，用于测试合并单元的时间及守时精度，同时在测试方式为内同步方式时可给测试系统提供同步信号。

7. 状态量采集功能

MU 具备通过常规信号或 GOOSE 以采集开关、刀闸等位置信号的功能。

（二）合并单元与一次互感器的接口

1. 合并单元与 EVT/ECT 的接口

MU 与 ECT/EVT 的接口传输介质采用光纤传输。数据采用串行同步方式传输，采用符合 IEC 60870-5-1 的 FT3 帧格式，同步方式采用曼彻斯特编码。具体帧格式与 EVT/ECT 输出数字量的帧格式相同。

2. 交流输入回路

MU 具有接入交流模拟量的接口，可采集交流模拟量信号。一般采集电磁传统器输出的模拟信号。在接入交流模拟量信号时，支持保护用交流电压和电流双 A/D 数据采集，两路 A/D 电路相互独立。

交流输入回路电流电压额定值 U_n：$100\sqrt{3}V$、100V，交流电流额定值 I_n：1A、5A。

MU 在进行交流模拟量采集时，其采样值需要符合互感器准确等级规定的误差限要求。

（三）合并单元输出接口

合并单元的前端为电子式互感器或常规电磁式互感器，合并单元的后端为变电站间隔层智能设备。随着 DL/T 860（IEC 61850）系列标准在变电站自动化系统的广泛应用，变电站过程层设备与间隔层设备之间的信息交互发生了较大的改变。合并单元作为互感器与间隔层智能电子设备间的桥梁，已成为信息获取的重要设备。

根据 Q/GDW 1426—2016《智能变电站合并单元技术规范》中相关条款，合并单元应能提供输出 DL/T 860（IEC 61850-9）协议的接口输出以及 IEC 60044-7/8 的 FT3 协议的接口，能同时满足保护、测控、录波、计量设备使用。对于采样值组网传输的方式，合并单元应提供相应的以太网口；对于采样值点对点传输的方式，合并单元应提供足够的输出接口分别对应保护、测控、录波、计量等不同的二次设备。输出接口应模块化并可根据需要增加输出模块。

合并单元的输出形式包括数字电输出和数字光输出两种。

数字电输出是以铜线为基础的传输系统，系统必须与 EIA RS-485 标准兼容。标准中建议使用 D 型 9 针连接器，屏蔽双绞线电缆，长度不大于 250m，也可以使用带屏蔽的 RJ-45 连接器代替。

对于数字光输出则需将数字输出按一定要求进行电/光转换。数字光输出和数字电输出在链路层和应用层的规定上是完全一致的，不同的只是物理层的传输介质。

无论是电输出还是光输出都采用曼彻斯特码编码：高位先传送，数据帧的速率为 2.5Mbit/s，即调制后的传输速率为 5Mbit/s。

采用光纤通信，必须注意光驱动器和光接收器的性能。对数字光驱动器的规定为：① 升降时间：信号幅值从 10% 变化到 90% 的时间应小于 20ns。② 脉冲特性：超调量应低于光脉冲额定输出的 30% 而其在第 2 个半波的纹波应限制在额定输出的 10%。③ 最大传输功率、最小传输功率分别为 -15、-20dBm。

（四）对时接口

合并单元具有对时接口，通过接收 IRIG-B 对时信号，或 GB/T 25931—2010 进行时间同步。IRIG-B 码采用光信号，含有年份和时间信号质量信息。GB/T 25931—2010 采用光纤以太网，采用基于 MAC 的组播方式。两种对时方式都要求时间准确度优于 1μs。同时合并单元也具有对时输出接口，用以测试时提供内同步时钟或检测合并单元的守时功能。

二、合并单元的同步功能

合并单元同步功能模块，主要通过接收站级同步信号完成自身对时，并为其他功能模块提供稳定的时钟基准。来自站级的同步信号包括有秒脉冲、IRIG-B 码和遵循 IEEE 1588 协议的守时对冲。

合并单元与电子互感器二次转换器接口形式在标准中没有严格定义和规范，一般采用两种方式：异步方式传输和同步方式传输，异步方式又分为基于工业标准 UART 格式和 FT3 格式，同步方式传输为曼彻斯特编码的 FT3 格式。

合并单元可利用转换器将常规互感器输出信号进行采样并保证各路采样值同步。

合并单元与计量、控制及保护设备等的接口实现，既可遵循 IEC 60044-7/8，又可遵循 DL/T 860（IEC 61850）。遵循 DL/T 860（IEC 61850）的合并单元采用以太网通信，通信速率高，具有通信灵活、易实现数据共享等优点。

合并单元与计量、控制及保护设备的接口模式比较灵活，既可采用点对点直接传输，又可基于以太网交换机进行组网。

采样值的数据集（data set）采用 DL/T 860（IEC 61850）定义的变电站配置语言（SCL）进行描述，并支持参数（如采样率、目的地址、一个 APDU 所包含的 ASDU 个数等）的离线配置。根据 DL/T 282—2018《合并单元技术条件》6.6.2 的要求，在点对点输出模式下，合并单元发送采样值的时间间隔离散值应不大于 10μs。采样值报文在合并单元从输入结束到输出结束的总传输时间应小于 0.5ms，通常合并单元提供给测量、控制及保护用设备的数据包含了所采集到的电气量、开关量及时间标签信息。

考虑现场强电磁干扰环境，合并单元与计量、控制及保护设备接口的传输介质采用光纤。

针对不同应用，采样值同步要求不同，如对于保护，采样同步误差应不大于 4μs；对于计量，采样同步误差应不大于 1μs。合并单元作为采样值传输的主要物理载体，其实时同步性能将直接影响采样值同步精度。

合并单元的同步包括合并单元之间的同步和接入同一合并单元的不同电子互感器（采集器）之间的采样同步。前者适用于多个间隔电流/电压值处理应用，如母线差动保护、主变压器差动保护等，后者适用于单个间隔电流/电压值处理应用，如线路距离保护。

合并单元之间的同步主要通过接收站内主钟（如 GPS）的同步信号（秒脉冲、IRIG-B 码或 IEEE 1588 同步报文）实现。当站内主钟丢失时，为确保在一定时间段内保证同步精度，在合并单元内部还配置有高精度时钟，根据 DL/T 282—2018《合并单元技术条件》6.6.4，要求对时误差允许偏差范围为 ±1μs，采样的同步允许偏差范围为 ±1μs，失去同步时钟信号 10min 以内的守时误差应小于 4μs。此外，为提高同步可靠性，合并单元应具有双时钟输入，互为备用，自动切换。当时钟输入信号丢失时，合并单元应告知测量、控制及保护设备，并发同步丢失告警信号。同一合并单元的不同电子式互感器（采集器）之间的同步可采用两种方式：硬件同步和软件同步。硬件同步是指合并单元给采集器发送同步脉冲信号（源自站内主钟的分频信号），软件同步一般采用插值法实现，前提是合并单元应明确各采集器发送采样值到合并单元的固定延时。

　　以两路模拟信号为例，用线性插值法对各路模拟信号的采样值进行同步处理的原理如图 2-36 所示。

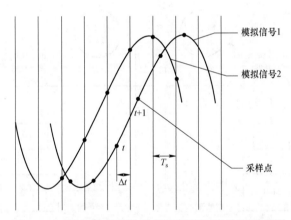

图 2-36　用线性插值法进行采样值同步处理原理图

　　两路模拟信号以相同的采样率采样，采样值同步算法即是以模拟信号 2 的采样时刻为基准点，将模拟信号 1 的采样值经过线性插值计算换算到基准点的时刻上来。模拟信号 1 的第 i 个采样值记为 U_i 该采样时刻与基准采样时刻相差 Δt，第 $i+1$ 个采样值记为 U_{i+1}，那么经过线性插值法计算之后，模拟信号 1 在模拟信号 2 第 i 个采样值时刻的采样值为：

$$U_i' = U_i + \frac{(U_{i+1} - U_i)\Delta t}{T_s} \tag{2-7}$$

式中：T_s 为采样周期。

　　Δt 是一个未知量，获取方法如下：假设模拟信号 1 和模拟信号 2 的数据采集电路完全一样，而且它们的数据传输路径延时差异忽略不计。那么它们从采样转换开始到合并单元接收到该点采样值所花的时间是等长的，两者采样点时刻的不同反映到合并单元中就是接收到两路采样数据的时刻不同。在合并单元中接收到第一路模拟信号的采样值时，用计数器进行计数以计算时间，收到第二路模拟信号的采样值时停止计数，通过计数器中的值就可以计算出 Δt 的数值。

用线性插值法对采样值进行同步处理，不需要额外的硬件开销，但是要求采样点应该尽量密，这样才能将两个采样点之间的曲线近似作为直线处理，而不致引入太大的误差，采用该算法对采样速率提出了较高的要求。

同步的另一种方法是直接由合并单元向电子式互感器一次转换器发送采样脉冲，数据采样的脉冲必须由 MU 的秒脉冲信号锁定，每秒第一次测量的采样时刻应和秒脉冲的上升沿同步，且对应的时标在每秒内应均匀分布。

同步时钟的另一作用是使全站合并单元之间实现同步，即保证其时间基准一致。对于不同应用情况下电流、电压同步采样的精度，标准有明确要求，例如对于计量，同步精度是 ±1μs，一般的传输线路保护，同步精度为 ±4μs。如在线路差动保护中需要接收线路两侧的合并单元所提供的同一时刻的电流信息，如图 2-37 所示。

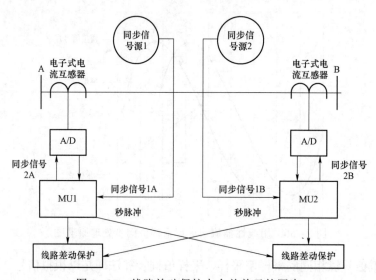

图 2-37 线路差动保护中合并单元的同步

对合并单元的时钟同步性能有如下要求：MU 应能接受外部时钟的同步信号，同步方式应基于 PPS，IRIG-B（DC）或 IEC 61588—2009（IEEE 1588—2008）PTP 协议；MU 应依据此外部时钟信号修正自身实时时钟，但不受错误的时间信息的影响；MU 应具有守时功能，在失去同步时钟信号 10min 以内的守时误差应小于 4μs；MU 在失去同步时钟信号且超出守时范围的情况下应产生数据同步无效标志。

第三章

数字化电能表

数字化电能表，是指用于智能变电站中对电压、电流量化数字量进行计量的电能计量装置。数字化电能表不同于感应式和电子式电能表，它不含采样单元，其输入信号为合并单元发送的数字量，其核心任务是进行计量算法处理。它具有以下优点：

（1）可靠性高。数字化电能表与合并单元之间的通信采用光纤，实现完全电气隔离，保障在各种复杂的电磁环境下不会造成数字电流、电压信号传输干扰。数字化电能表取消了模拟电压和电流信号的输入，有效消除了过流或二次电流开路等安全事故隐患。

（2）稳定性高。数字化电能表采用数字信号输入，无模拟采样电路，长期运行中有效避免传统电能表因温度、采样电路的电阻电容变化、零漂、电磁干扰等可能对准确度造成的影响。

智能变电站中，在合并单元发出的同步时钟信号控制下，多个 EVT 和 ECT 同步地对电网的高电压、大电流进行采样测量，并将采样测量结果转换成符合 IEC 60044−8 的采样值报文，然后通过光纤以太网传输给合并单元。合并单元对来自多个 ECT 和 EVT 的时间一致性的采样值报文进行整合及数据格式转换，使其符合 DL/T 860（IEC 61850），随后，再通过光纤以太网传输给数字化电能表。最后，数字化电能表完成数据解码和电能计量。

自 2001 年，Landis＋Gyr 公司研发出第一款基于 DL/T 860（IEC 61850）的数字化电能表 ZMU802 以来，国内也先后出现了多款数字化电能表产品。随着智能电网的发展和智能变电站建设规模的不断扩大，数字化电能计量装置及相关检测设备进一步推广和应用。

第一节　数字化电能表的特点

数字化电能表接收的是经光纤传输的包含符合 DL/T 860（IEC 61850）的采样值报文的以太网数据包，与传统电子式电能表相比，其内部结构和工作原理发生了质的变化。

一、电能计量误差

传统电子式电能表的计量误差主要来自内部分流电路及分压电路等环节，这些环节在不同温度、不同负载和功率因数下具有非线性特性。另外，电子式电能表中前置放大和 A/D 转换器的误差及漂移等，也会产生电能计量误差。

数字化电能表接收的是合并单元发送的数字化后的电压、电流量，理论上对数字化电压、电流量进行处理不存在误差。实际上，由于采用的算法可能存在缺陷，接收的包含电压、电流量的数据报文可能不完整，以及浮点数计算的有效位数等原因，数字化电能表电能计量会产生误差。

数字化电能表的准确度等级分为有功准确度等级可分为 0.05、0.1、0.2S、0.5S 级，无功准确度等级可分为 0.5S、1、2 级。

二、电能表输入特性

（1）工作电源。传统电能表正常工作电压范围 $0.9U_N \sim 1.1U_N$，扩展工作电压范围 $0.7U_N \sim 1.15U_N$，极限工作电压范围 $0 \sim 1.15U_N$。传统电能表工作电源取自输入计量电压回路，平均功耗不大于 6W，表计功耗是影响计量准确性的一个重要因素。传统电能表运行和计量是实时的，无上电启动。

数字化电能表工作电源采用双冗余供电，独立于计量电压回路，消除了表计功耗对计量准确性的影响。电源供电采用直流 24V 或交流 110V（220V）电源接入，电压允许偏差 $-20\% \sim +15\%$；平均功耗可达 $7 \sim 8W$。

（2）输入方式。传统电能表输入的是电压、电流模拟信号，采用普通铜线，接线方式复杂，易错接线或遭窃电。为减小二次压降需要将计量和测量回路分开，组成独立的二次计量回路。

数字化电能表输入的是从合并单元输出的数据包，具有传输数据快、抗干扰能力强、接线简洁等特点。由于输入的是数字信号，不存在二次回路损耗对计量准确性的影响。

（3）额定电流。传统电能表的特点是在不同负荷下，其误差特性非线性，为了生产和使用的统一性，根据电流大小规定了不同的额定电流（I_b）和最大电流（I_{max}）值，常用规格有 1.5（6）、5（20）、10（40）、20（80）A 等。

数字化电能表输入的是数字信号，电能表本身不采样，电能表计量准确性与负荷的大小无关，因此没有额定电流和最大电流概念，也无需根据电流大小划分不同的规格。

（4）过载能力。传统电能表输入的是与一次电流大小成正比的二次电流，由于结构原因其误差特性为非线性，在电流特别大时，误差呈几何放大，因此有负荷大小的限制，一般最大允许电流为额定工作电流的 4 倍，如 1.5（6）A 与 5（20）A。

数字化电能表由于无需输入电压电流模拟信号，因此没有过载负荷限制。

（5）采样频率。传统电能表通过电能测量单元将输入的电压与电流变成与功率成一定比例的脉冲信号，送至分频和计数，其采样频率可达到 4000 点/s 以上，其采样准确度直接决定电能表的准确度。

数字化电能表自身不采样，采样在电子式互感器内完成，采样频率范围一般为 4000Hz 或 12 800Hz，由电子式互感器保证计量采样准确度。

三、电能表输出特性比较

（1）起动和潜动。传统电能表的起动试验是判定电能表灵敏度的一个指标，即在规定的时间内通过一个额定小电流时至少要发出一个脉冲。传统电能表在接有电压、无电流的情况下由于存在电压补偿回路等原因，会引起测量单元误采样，这一现象称为潜动，机械式电能表由于电压补偿力矩的存在潜动更容易发生，因此潜动是传统电能表的一个重要检定项目。

数字化电能表自身不采样，不存在最小起动电流的概念。由于自身不采样，同样也不存在潜动问题。结合具有采样测量单元的电子式互感器，作为计量系统整体，灵敏度和测量单元误采样是存在的，T/CEC 116—2016《数字化电能表技术规范》中，规定了起动试验要求。

（2）电能量和电能单位。传统电能表计量的是二次电能，乘以倍率后为实际电能。显示器显示位数一般有 8~9 位，其中小数点前有 6~7 位，小数点后有 2 位，由于存在倍率关系，因此显示位数在很长一段时间内不会溢出，单位是 kWh。

数字化电能表输入的是电子式互感器的输出，等同于一次功率的信号，经过电能表对一次功率进行积分后输出的是一次电能。显示器位数和传统电能表基本相同，如果同样采用 kWh 为单位，在短时间内就会溢出，因此应采用的单位是 MWh。但是，目前为兼容传统电能采集系统，数字化电能表电能计量结果仍折算为二次值。

（3）电能表通信接口。传统电能表输出通常采用 RS-485 通信，通信规约采用 DL/T 645—2007，表地址一般采用出厂编号全号（局号数字部分）或后两位。

T/CEC 116—2016《数字化电能表技术规范》中规范了数字化电能表的输出接口。数字化电能表输出采用光纤通信，其接口通信遵循 DL/T 860.81—2016《电力自动化通信网络与系统 第 8-1 部分：特定通信服务映射（SCSM）MMS（ISO 9506-1 和 ISO 9506-2）及 ISO/IEC 8802-3》。同时，为兼容传统电能采集系统，数字化电能表配有 RS-485 接口。

四、电能表管理规定及要求

（1）安全认证。电能表作为电能结算的法定计量器具，如何防止人为非法修改电能表数据以达到窃电目的，是一个重要的课题，检定时利用电能表本身技术特点，在检定规程规定的每个基本误差点持续通过额定电流 10s 以上，进行电能表底度清零、需量清零等安全认证操作试验。

数字化电能表目前还没有设置安全认证功能，是数字化电能表推广中需要开展的重要工作之一。

（2）标准规范。国家和行业颁布了大量传统电能表的标准与规范，对电能表的设计、制造、采购、验收和使用每一个环节都制定了详细的标准规范，有效地确保了电能计量的准确性和稳定性。

数字化电能表由于计量原理完全不同，不适用于这些传统的标准与规范，需要重新制定国家标准和规范。国家、电力行业和电力企业近年逐步发布了关于数字计量的一系列标准。现行国家标准 GB/T 17215.303—2013《交流电测量设备特殊要求　第 3 部分：数字化电能表》；电力企业联合会的行业标准 T/CEC 116—2016《数字化电能表技术规范》，国网企业标准 Q/GDW 11018—2017《数字化计量系统技术条件　第 10 部分：数字化电能表》。

（3）检定方法。传统的机械式和电子式电能表，国家分别颁布有相应的检定规程，必须由法定计量检定机构或经授权的机构检定合格后，才能安装于电能计量点作为电量结算的法律依据。采用标准表法检定，标准表定期溯源确保准确性。

数字化电能表校验通常有三种方法，即数字标准表法、标准源和模拟标准表法。国家还没有颁布数字化电能表检定规程，数字化电能表尚未用于贸易结算。电力行业制定了数字化电能表校准规范 DL/T 1507—2016《数字化电能表校准规范》，按照 DL/T 860（IEC 61850）协议要求，阐述了三种校验方法标准数字化电能表的规范要求。

总体来看，数字化电能表解决了传统电能表很多固有的缺陷，在数据准确性和可靠性方面显示出优越性，但也出现了新的问题：比如依赖外接工作电源，一旦失电，则停止计量；由于输入的是数字信号，信号通信稳定性、交换机和接口质量、信号丢包等问题给数字化电能表计量的准确性带来影响。在电能计量专业方面，还需在计量程序算法、安全认证、检定方法及溯源等方面还需深入研究，以保证数字化电能表能满足电力系统的计量要求。

第二节　数字化电能表结构

数字化电能计量系统采用了过程层网络和变电站层网络双总线网络结构，如图 3—1 所示。电子式电流互感器（ECT）、电子式电压互感器（EVT）以及合并单元（MU）为过程层 IED 设备；基于 DL/T 860（IEC 61850）的数字化电能表接收 MU 发出的模拟量采样值，是间隔层 IED 设备；站控单元接收电能表计算得到电能量，为变电站层 IED 设备。

由于 ECT 与 EVT 的应用，与传统的数字化电能表相比，基于 DL/T 860（IEC 61850）的数字化电能表的结构发生了根本性变化。数字化电能表主要由数据处理单元、通信单元等组成。数字化电能表的主要功能是接收合并单元传输的电子式互感器的电流和电压

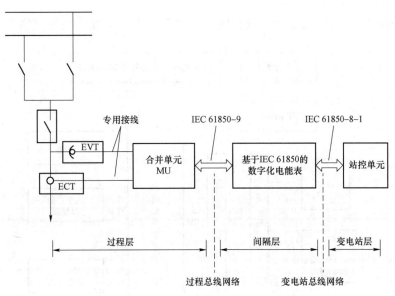

图 3-1 数字化电能计量系统结构

采样数据报文，经过数据计算处理实现电能量计量、电参量计算、信息存储及处理、实时监测、自动控制、信息交互等功能。基于 DL/T 860（IEC 61850）的数字化电能表的典型结构框图如图 3-2 所示。

图 3-2 基于 DL/T 860（IEC 61850）的数字化电能表典型结构框图

由图 3-2 可知，基于 DL/T 860（IEC 61850）的数字化电能表接收到的信号不再是模拟信号，而是内含模拟量采样值的以太网数据包。由信号调理电路以及 A/D 转换电路组成的预处理电路集成到 ECT 和 EVT 中，电能表"专注"于信号的处理。电能表接口采用 DL/T 860（IEC 61850）规定的光纤数字接口，先要对数字光学信号进行光电转换，以太网控制器对数据包进行简单的解包处理后，就交给微处理器集中进行电能参量的计算。由于以太网数据包解析任务和多种电能参量的计算任务都由微处理器处理，数据的计算量很大，微处理器一般选用具有高速运算能力的 DSP 作为处理核心。基于 DL/T 860（IEC 61850）的数字化电能表可以应用到任意一个智能变电站中，而不会产生任何兼容性问题。

图 3-3 所示为某型号数字化电能表的结构框图，输入侧接口遵循 DL/T 860（IEC 61850）协议，采用光纤传输，其设计方案采用数字信号处理器与中央微处理器相结合的构架，将数字信号处理器的高速数据吞吐能力与中央微处理器复杂的管理能力相结合。通过协议处理芯片获取合并单元的数据包，传送至数字信号处理单元完成对电参量测量、电能累计以及电能计算等任务，然后与中央微处理器进行数据交换，由中央

微处理器最终完成表计的显示、数据统计、储存、人机交互、数据交换等管理功能。

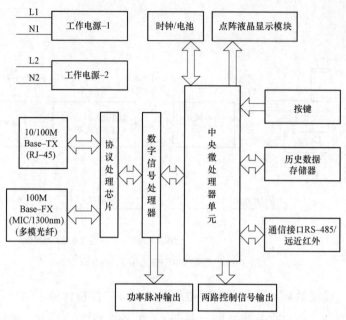

图 3-3　某型号数字化电能表结构框图

数字化电能表同时遵循智能电能表的规范，其与站控层或电量采集器通信协议支持
DL/T 645—2007、DL/T 698.45 通信规约。某数字化电能表的接线端子如图 3-4 所示，
电流电压数字信号通过 TX（RJ-45）光纤接口输入，1、2 和 4、5 为两组 RS-485 串口，
6、7 分别为有功和无功脉冲输出口，13～22 为电源端。

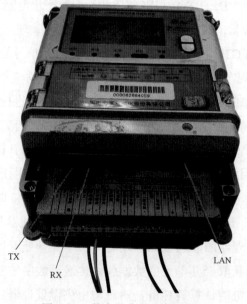

图 3-4　数字化电能表接线端子

第四章

合 并 单 元 校 验

合并单元（MU）输入有两种方式，一种是数字量输入合并单元，可汇集多个电子式互感器的数据通道。另一种是汇集传统电压互感器或电流互感器输出的模拟信号或电子式互感器输出的模拟小信号。

第一节 合并单元的测试内容及方法

合并单元可参照 DL/T 281—2012 《合并单元测试规范》进行测试。根据该规范，合并单元的校准项目包括对时误差、守时误差、采样值报文发布离散值、基本误差和短时稳定性。

一、准确度测试

准确度测试也即基本误差测试，对于接收数字量信号的合并单元和模拟量信号的合并单元分别采用以下方法进行准确度测试。

（一）数字量输入合并单元准确度测试

1. 数字量输入合并单元测试方案

数字量输入合并单元测试原理见图 4-1，主要包括三相模拟交流信号源、标准表、交流采样基准、ECT/EVT 模拟器、外部时钟单元、MU（待测）、合并单元测试仪组成。

（1）三相模拟交流信号源、标准表。为待测 MU 和合并单元测试仪提供数据来源，标准表主要用于信号源输出校准及待测 MU 的有效值的比较，一般采用 0.1 级或 0.05 级高精度标准表。

（2）ECT/EVT 模拟器。通过三相模拟交流信号源，采样汇集 12 路交流量数据，并以实际电子式互感器或电子式电流互感器的 FT3 通信方式发送数据，交流量的幅值、相角、频率可以根据试验需要设置。ECT/EVT 模拟器具有接受外部时钟单元授时功能，也可以接收待测合并单元脉冲同步时钟功能，其作用相当于电子式互感器本体中的远端模块。

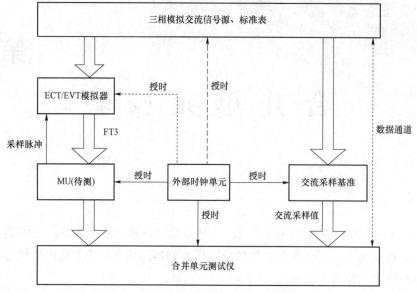

图 4-1 数字量输入合并单元精度测试方案

（3）待校合并单元（MU）。合并单元接收 ECT/EVT 输出的采样值并采用同步时钟源的同步时钟信号对 ECT/EVT 输出的 FT3 数据按照 DL/T 860.92 规定的格式进行数据组合，采用 DL/T 860.92 规定的以太网方式输出。

（4）变流采样基准。大多数都包含在合并单元测试仪中，只要能准确测量有效值和初相角，不一定需要和待测 MU 相同的采样值配置。

（5）合并单元测试仪。完成协议的测试、数据的接收、时间的标定、数据的计算、显示、比对，被测 MU 的故障报警、状态分析等。合并单元测试仪应具有对接收到采样值报文打上硬件时标的功能，且误差不大于±0.2μs。MU 测试仪宜能够通过数据通道接收标准表的有效值并与计算的有效值进行比较。

（6）外部时钟单元。为被测合并单元、交流采样基准、合并单元测试仪提供时钟基准，以实现同步采样。

常见合并单元测试仪上显示待测 MU 通过 ECT/EVT 模拟器采集交流量的参数包括幅值、频率、功率、功率因数等交流量，如图 4-2 所示。

2. 合并单元数字量输入准确度测试内容

（1）合并单元的比值误差。合并单元

图 4-2 合并单元测试仪

的比值误差应符合 GB/T 13729—2002 的 3.5.2 部分的规定，如下所示。

1）工频交流模拟量标称值。工频交流模拟量标称值见表 4-1。

表 4-1　　　　　　　　　　　工频交流模拟量标称值

电流（A）	电压（V）	频率（Hz）
1	100	50
5	100	50

2）参比条件和允许基本误差极限。在表 4-2，表 4-3 给定的参比条件下，输出范围内任意一点误差不应超过表 4-4 给定的以基准值百分数表示的基本误差极限。

表 4-2　　　　　　　　　　影响量的参比条件和试验允许误差

影响量	参比条件	试验允许偏差（适用于单个参比值）
环境温度	15～30℃	—
被测量频率	50Hz	50×（1+±2%）Hz
被测量波形	正弦	畸变因数乘 100 应不超过等级指数
工作电源	额定值	额定值的±2%
外部磁场	无	地磁场强度值
电流不平衡度	平衡	—

在表 4-2、表 4-3 给定的参比条件下，输出范围内任意一点误差不应超过表 4-4 给定的以基准值百分数表示的基本误差极限。

表 4-3　　　　　　　　　　　被 测 量 的 参 比 条 件

被测量	参比条件		
	电压	电流	功率因数
有功功率	标称电压±2%	从零到标称值内任一电流	$\cos\varphi=0.5$（滞后）～1 ～0.5（超前）
无功功率	标称电压±2%	从零到标称值内任一电流	$\cos\varphi=0.5$（滞后）～1 ～0.5（超前）
相角或功率因数	标称电压±2%	在标称 40%～100% 范围内的任一电流	—
频率	标称电压±2%	—	—
三相电量	对称电压 a	对称电流	

a 三相对称系统的每一相电压和线电压与其对应的平均值之差应不大于 1%。各相中的电流与其对应的平均值之差应不大于 1%。任一相电流和该相电压（相对中线）的夹角与其他任相的电流、电压夹角之差应不大于 2°。

表 4-4　　　　　　　　　工频交流模拟量基本误差和登记指数关系

等级指数	0.1	0.2	0.5	1
误差极限	±0.1%	±0.2%	±0.5%	±1%

3）线性范围。在参比条件下和表 4-1 规定的标称值范围内，误差不超过表 4-4 所规定的误差极限。

4）功率消耗。工频交流电量每一电流输入回路的功率消耗应小于 0.75VA，每一电压输入回路的功率消耗应不大 0.5VA。

5）输入回路要求。工频交流电量输入回路应有隔离电路，且应有电压互感器和电流互感器回路异常报警。设备上二次电压互感器、电流互感器插件拔插应可靠地保证交流电压输入外回路开路、交流电流输入外回路短路。电压回路要经过熔丝，电流回路要直接与试验端子牢固连接。

6）影响量的规定。影响量与标称值使用范围和允许的改变量见表 4-5。

表 4-5 　　　　　　　　影响量与标称值使用范围极限和允许的改变量

影响量		标称值使用范围极限	允许改变量（以等级指数百分数表示）
环境湿度		见 GB/T 13729—2002 表 1	100%
被测量不平衡度		断开一相电流	100%
被测量频率		45~55Hz	100%
被测量的谐波分量		20%	200%
被测量的功率因数	感性	$0.5>\cos(\sin)\varphi\geqslant0$	100%
	容性	$0.5>\cos(\sin)\varphi\geqslant0$	100%
设备电源		+20%~-20%	50%
被测量超限量		120%	50%
被测线路间的相互作用		仅一测量元件电压为标称值，电流为 0；其他测量元件电流为标称值，电压为 0	50%
自热		1~3min 和 30~35min 之间测量的两个误差的差	100%
外部磁场		见 GB/T 13729—2002 表 18	100%
高频干扰		见 GB/T 13729—2002 表 16	200%
快速瞬变脉冲群干扰		见 GB/T 13729—2002 表 16	200%
浪涌干扰		见 GB/T 13729—2002 表 16	200%
静电放电干扰		见 GB/T 13729—2002 表 17	200%
电源电压突降和中断		见 GB/T 15153.1—1998 表 11	200%

（2）相位误差。合并单元测试仪显示待测 MU 和交流采样基准采集的同一路交流量信号之间的相位差，其相位误差应符合 GB/T 20840.7—2007 的 13.5 及 GB/T 20840.8—2007 的 12.2、13.1.3 部分的规定。

GB/T 20840.7—2007 的 13.5 保护用电子式电压互感器的电压误差和相位误差限值如表 4-6 所示。

表 4-6　　　　　保护用电子式电压互感器的电压误差和相位误差限值

准确度等级	在下列额定电压下 U_p/U_{pr}（%）下								
	2			5			X^a		
	ε_u ±1%	$\varphi_e \pm$（′）	$\varphi_e \pm$（card）	ε_u ±1%	$\varphi_e \pm$（′）	$\varphi_e \pm$（card）	ε_u ±1%	$\varphi_e \pm$（′）	$\varphi_e \pm$（card）
3P	6	240	7	3	120	3.5	3	120	3.5
6P	12	480	14	6	240	7	6	240	7

GB/T 20840.8—2007 的 12.2 额定频率下的电流误差和相位误差限值。

对 0.1、0.2、0.5 级和 1 级，其额定频率下的电流误差和相位误差应不超过表 4-7 所列。

表 4-7　　　　　额定频率下的电流误差和相位误差限值

准确度等级	在下列额定电流（%）下的电流（比值）误差±%				在下列额定电流（%）下的相位误差								
					±（′）				±（crad）				
	5	20	100	120	5	20	100	120	5	20	100	120	
0.1	0.4	0.2	0.1	0.1	15	8	5	5	0.45	0.24	0.15	0.15	
0.2	0.75	0.35	0.2	0.2	30	15	10	10	0.9	0.45	0.3	0.3	
0.5	1.5	0.75	0.5	0.5	90	45	30	30	2.7	1.35	0.9	0.9	
1.0	3.0	1.5	1.0	1.0	180	90	60	60	5.4	2.7	1.8	1.8	

注　120%额定一次电流下所规定的电流误差和相位误差限值，应保持到额定扩大一次电流。

对 0.2S 级和 0.5S 级特殊用途电流互感器（尤其是连接特殊电表，要求在额定电流 1% 和 120% 之间的电流下测量准确度），其额定频率下电流误差和相位误差应不超过表 4-8 所列值。

表 4-8　　　　　特殊用途电流互感器的误差限值

准确度等级	在下列额定电流（%）下的电流比值误差±%					在下列额定电流（%）下的相位误差									
						±（′）					±（crad）				
	1	5	20	100	120	1	5	20	100	120	1	5	20	100	120
0.2S	0.75	0.35	0.2	0.2	0.2	30	15	10	10	10	0.9	0.45	0.3	0.3	0.3
0.5S	1.5	0.75	0.5	0.5	0.5	90	45	30	30	30	2.7	1.35	0.9	0.9	0.9

注　120%额定一次电流下所规定的电流误差和相位误差限值，应保持到额定扩大一次电流。

对 3 级和 5 级，在额定频率下的电流误差应不超过表 4-9 所列值。

表4-9　　　　　　　　　　　　　　　　3级和5级电流误差限值

准确度等级	在下列额定电流（%）下的电流（比值）误差±%	
	50	120
3	3	3
5	5	5

注　120%额定一次电流下所规定的电流误差和相位误差限值，应保持到额定扩大一次电流。

（3）采样点比较。MU测试仪能对待测MU和交流采样基准的1min内每一个采样点数据的幅值和时标进行分析比较，显示幅值和时标的偏差的分布曲线和最大偏差的统计结果。

交流采样基准的基本误差输出范围应满足表4-6、表4-7和表4-8范围的1/4。

（二）模拟量输入合并单元准确度测试

模拟量输入合并单元测试原理如图4-3所示，主要包括三相模拟交流信号源、标准表、交流采样基准、外部时钟单元、MU（待测）、合并单元测试仪等组成。

模拟量输入合并单元的准确度要求与数字量输入合并单元的要求一致。

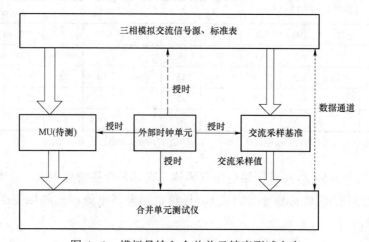

图4-3　模拟量输入合并单元精度测试方案

二、ECT/EVT通信接口测试

采用图4-4方式对ECT/EVT模拟器进行测试，ECT/EVT模拟器按符合IEC 60870-5-1的FT3帧格式输出采样值报文。待测MU应能接收ECT/EVT模拟器输出的采样值报文，并采用DL/T 860.92协议向MU测试仪输出采样值报文。MU测试仪接收MU发出的采样值报文，经计算后应和ECT/EVT模拟器输出的交流量值相符。测试使用的采样率采用待测MU的最高采样率进行。

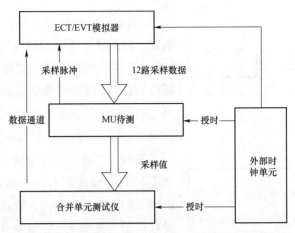

图 4-4 输出数字信号的 ECT/EVT 通信接口测试方案

三、采样值输出接口性能测试

MU 采样值报文响应时间 t_d 为采样值自 MU 接收端口输入至输出端口输出的延时。

MU 测试仪根据接收到的分别来自 ECT/EVT 和 MU 的采样值报文中的采样点序号域及接收到此报文的时刻，计算出此帧采样值报文的延时 t_d。具有模拟量输入的 MU，这个延时可以视为响应时间。取 24h 的测试期间内的最大响应时间为待测 MU 响应时间值。此项测试应该对不同的采样值报文分别进行，例如，1 个 APDU 包含 1 个 ASDU 或多个 ASDU 等。

四、完整性测试

MU 测试仪根据接收到的采样值报文判断 MU 发送的采样值报文是否丢包、丢点、重复、错序，并记录发送周期，测试时间连续 24h 以上。ECT/EVT 模拟器发送失步、失真、发送周期异常等报文，测试 MU 报文接收正确性。此项测试应该针对不同的采样值报文配置分别进行，例如，1 个 APDU 包含 1 个 ASDU 或多个 ASDU 等。

五、采样值报文发送周期测试

MU 测试仪记录接收到的每包采样值报文的时刻，并据此计算出连续两包之间的间隔时间 T。T 与额定采样间隔（例如采样频率 4kHz 时为 250μs）之间的差值（发送间隔离散值）应满足合并单元技术条件中相关要求。测试时间应持续 24h 以上。测试应该针对不同的采样值报文配置分别进行，例如，1 个 APDU 包含 1 个 ASDU 或多个 ASDU 等。

六、时钟同步测试

（一）对时误差测试

对时和守时误差通过 MU 输出的 1PPS/采样同步脉冲信号与参考时钟源 1PPS 信号比较

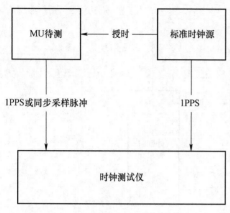

图 4-5 对时误差的测试

获得。对时误差的测试采用图 4-5 所示方案进行测试。标准时钟源给 MU 授时，待 30s 内 MU 对时稳定，利用时间测试仪以每秒测量 1 次的频率测量 MU 和标准时钟源各自输出的 1PPS 信号有效沿之间的时间差的绝对值Δt，连续测量 1min，这段时间内测得的Δt的最大值即为最终测试结果。

同时，在测试过程中测量每秒结束的最后一个采样同步脉冲信号的有效边沿与参考时钟源 IPPS 信号的偏差值Δt_g，以及采样同步脉冲信号周期的最大值值T_{s-max}和最小值T_{s-min}。

MU 对时性能可能与测试环境温度有关，因此该项测试应在 MU 整个工作温度范围内进行多点测试，并且取其中的最差结果作为该项测试的最后结果。测试温度点至少包含以下几个温度点：最高工作温度、常温、最低工作温度。

时间同步测试仪模拟时钟源，发送失真信号、抖动信号、错帧、错校验码等，测试 MU 接收时钟的正确性。

（二）守时误差测试

根据 DL/T 282—2018《合并单元技术条件》，合并单元应具有守时功能，MU 需要测试守时误差。

守时误差是合并单元在失去外部标准时钟源授时的情况下，在一定时间内合并单元内部时钟与标准时钟的时钟差。

守时误差的测试采用图 4-6 所示方案进行测试。测试开始时，MU 先接受标准时钟源的授时，待 MU 输出的 1PPS 信号与标准时钟源的 1PPS 的有效沿时间差稳定在同步误差阈值Δt之后，撤销标准时钟源的授时。从撤销授时的时刻开始计时，MU 保持其输出的 1PPS 信号与标准时钟源的 1PPS 的有效沿时间差保持在Δt之内的时间段 T 即为该 MU 可以有效守时的时间。

MU 守时性能可能与测试环境温度有关，因此该项测试应在 MU 整个工作温度范围内进行多点测试，并且取其中的最差结果作为该项测试的最后结果。测试温度点至少包含以下几个温度点：最高工作温度、常温、最低工作温度。

此项测试应在 MU 在某测试温度点达到热平衡后进行，测试时间段 T 为 10min，Δt 应小于等于 4μs。

（三）对时信号异常情况测试

采样脉冲发生器发生端口 1、2、3 输出对时信号，MU 处于正常工作状态。改变时钟源端口 1 的输出，使端口 1 输出的对时信号出现失真信号、抖动信号、错帧、错校验码等异常情况，测试 MU 能否不受这些异常情况的干扰并按正确的采样周期发送报文，如图 4-7 所示。

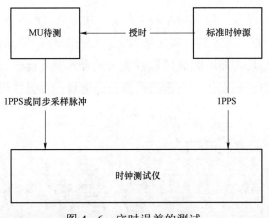

图 4-6 守时误差的测试

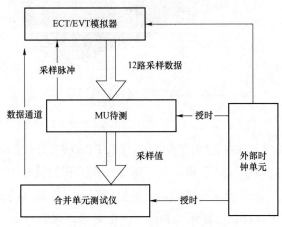

图 4-7 对时信号异常情况测试

第二节 合并单元测试仪

目前合并单元测试仪有两种结构，一种是不带源合并单元测试仪，可以检测数字量输入合并单元（见图 4-1），也可以检测模拟量输入合并单元（见图 4-3）；另一种是带源合并源测试仪，即将三相模拟交流信号源、标准表和合并单元测试仪合为一体结构，两种结构的合并单元测试仪均可以检测数字量输入合并单元和模拟量输入合并单元。

一、不带源合并单元测试仪

不带源的合并单元测试仪在进行合并单元校准时，因测试仪本身不具备信号源，所以必须外接信号源。

（一）产品特点

不带源合并单元测试仪适用于合并单元的实验室和现场检测。图 4-8 为某型合并单元测试仪外观图。

数字化电能计量装置校验

在硬件方面，本校验仪采用 Windows7 系统，10.1 英寸触摸屏，24 位高精度 AD 采样，多种窗函数补偿算法，科学的一体化结构无需配置额外的信号转换器和光电转换器，也无需额外人机交互模块，即可完成模拟量输入式合并单元检定。

软件方面，可以自动识别协议发送的数据总通道数，并且提供直观的波形显示。

图 4-8　合并单元测试仪外观

（二）主要功能

（1）检定符合 DL/T 860.91、DL/T 860.92、DL/T 860.92LE 规约的合并单元误差信息以及数字量输出电子式电压互感器和电流互感器（保护和测量）。

（2）检定 FT3 输出的电子式互感器，支持插值算法，测量其绝对延时。通过插值算法或互感器标定的额定延时，计算角差和比差，绝对延时误差小于 2μs。支持 IEC 60044 和国网标准的 FT3 格式报文输入。

（3）测试合并单元绝对延时、对时误差及守时误差。

（4）测量合并单元帧输出的离散度和帧的完整性（丢帧、错序、重复等）。

（5）具有 ST、SC 接口的光纤以太网和双 RJ-45 电接口以太网，提高可靠性和方便接入不同接口的计量装置。

（6）实现对合并单元和电子式互感器的比差、角差的校验。

（7）能对 DL/T 860-9-1、DL/T 860-9-2 的网络报文进行全息分析，如网络地址、ASDU 个数、采样率、同步方式、数据波形等。

（8）可实现非传统式互感器的实验室误差检定和现场校验。

（9）可以检定常规合并单元和带有小信号输入的合并单元。

（10）产品适应性、扩展性强，满足未来智能变电站技术升级的需要。

（11）装置配有 USB 口，可外接键盘鼠标 U 盘等设备。

（三）仪器检定接线图

1. 合并单元检定（同步）

合并单元同步检定方案如图 4-9 所示。

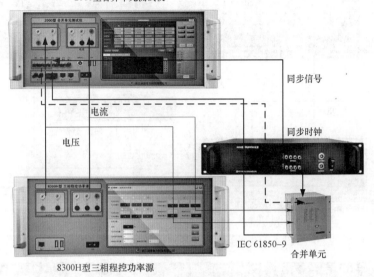

2000型合并单元测试仪

同步信号

电流

电压

同步时钟

IEC 61850-9

合并单元

8300H型三相程控功率源

图 4-9　合并单元检定接线（同步）

（1）三相程控功率源输出的三相电压信号连接到测试仪的标准电压输入口 U_a、U_b、U_c，U_n 共地和合并单元三相电压输入口。

（2）三相程控功率源输出的三相电流信号连接到测试仪的标准电流输入口 I_a、I_n、I_b、I_n、I_c、I_n 和合并单元三相电流输入口。

（3）合并单元输出的数据量连接到校验仪的光口 1/光口 2/光口 3/电口。

（4）将变电站的同步信号接到本校验仪的同步信号输入和合并单元的同步输入口；如果使用本校验仪的同步信号，则将校验仪的同步信号输出连接到合并单元的同步输入口。

2. 合并单元检定（非同步）

合并单元（非同步）检定接线如图 4-10 所示。

（1）三相程控功率源输出的三相电压信号连接到测试仪的标准电压输入口 U_a、U_b、U_c，U_n 共地和合并单元三相电压输入口。

（2）三相程控功率源输出的三相电流信号连接到测试仪的标准电流输入口 I_a、I_n、I_b、I_n、I_c、I_n 和合并单元三相电流输入口。

（3）合并单元输出的数据量连接到校验仪的光口 3。

注：所谓非同步就是合并单元测试仪与合并单元时间不同步。

（四）不带源合并单元测试仪软件界面

1. 准确度测试软件界面

准确度测试软件界面如图 4-11 所示。

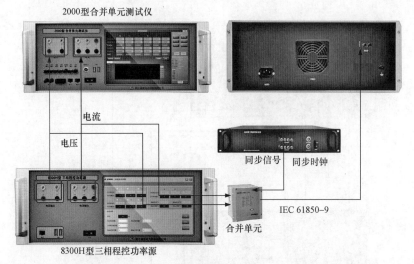

图 4-10 合并单元检定（非同步）接线

图 4-11 准确度测试软件界面

（1）参数设置区。在做精度测试前，需要对测试参数进行配置。具体内容如下：

同步方式：同步输出、接收电秒脉冲、接收光秒脉冲、接收 B 码电信号、接收 B 码光信号。

额定一次电压：电压互感器一次额定电压值。

电压二次输入：电压互感器二次额定电压值。

额定一次电流：电流互感器一次额定电流值。

电流二次输入：电流互感器二次额定电流值。

合并单元输出：合并单元输出数字量 IEC 61850-9-2 协议。

（2）数据显示区。测试三相电压电流互感器或通过合并单元输出的电压、电流与标准器比的比差和角差。

（3）功能选择区。可以显示在测试过程中查看波形、误差统计、谐波分析、功率分析。

2. 报文测试软件界面

（1）MU 报文质量测试软件界面。图 4-12 所示为 MU 报文质量测试界面。

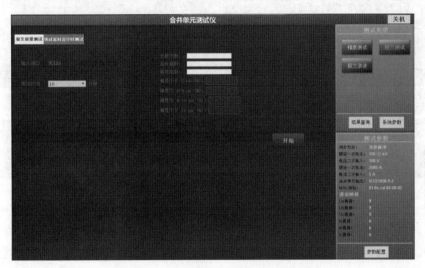

图 4-12　MU 报文质量测试界面

在规定的时间内，抓取所有报文进行分析，统计报文的总数、丢失包数、错序包数、报文间隔时间偏差小于 2μs 的比例数、偏差在 2～4μs 的比例数、偏差在 4～10μs 的比例数、偏差大于 10μs 的比例数。

（2）对时误差软件界面。图 4-13 所示为合并单元测试仪检测被测合并单元对时误差界面。

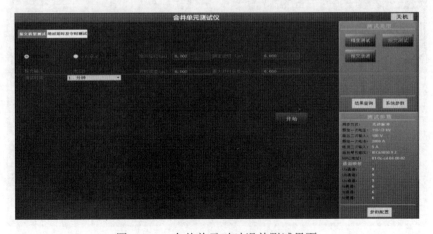

图 4-13　合并单元对时误差测试界面

设定测试时间，一般为 1min，测试合并单元输出报文的绝对延时、对时误差、最大对时误差等，通过报文解析获取额定延时。

（3）守时误差软件界面。图 4-14 为合并单元守时误差测试界面。根据 DL/T 282—2018 规范，在合并单元失去同步时钟后，10min 内合并单元的时钟误差应小于 4μs。

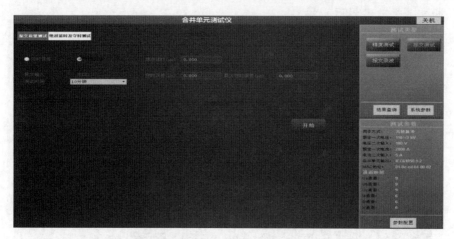

图 4-14　合并单元守时误差测试界面

在合并单元守时状态下，在 10min 内连续测试合并单元保持其输出的 1PPS 信号与标准时钟源的 1PPS 的有效沿之间的时间差的绝对值，其最大值即为守时误差值。

此界面还能测试绝对延时。

3. 报文录波软件界面

报文录波软件主要用于报文的录取和保存、波形查看分析。图 4-15 为报文录波测试界面。

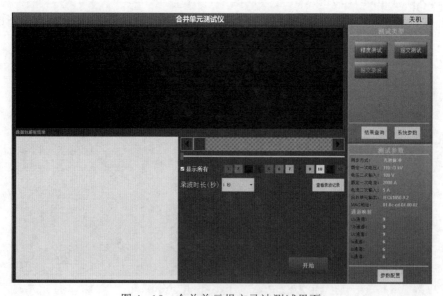

图 4-15　合并单元报文录波测试界面

二、带源合并单元测试仪

带源的合并单元内置信号源，因此在测试时可以输出信号源供被测合并单元作为输入，以便在无外部信号源的条件下进行合并单元测试。

（一）带源合并单元测试仪特点

在硬件方面，本校验仪采用 Windows 7 系统，10.1 英寸触摸屏，24 位高精度 AD 采样，多种窗函数补偿算法，科学的一体化结构无需配置额外的信号转换器和光电转换器，也无需额外人机交互模块，即可完成模拟量输入式合并单元检定。同时，本仪器自身可提供稳定的 3 路电压 3 路电流信号，以方便工作人员在现场未加高压和大电流的情况下也可进行相关测试。

软件方面，可以自动识别协议发送的数据总通道数，并且提供直观的波形显示。

图 4-16 为带源合并单元测试仪。

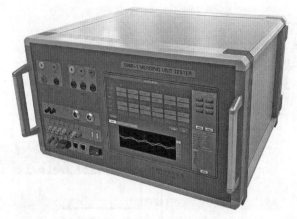

图 4-16　带源合并单元测试仪

（二）主要功能

（1）对模拟量输入式的合并单元进行同步模式下的精度（比差、角差等）测试。

（2）对模拟量输入式的合并单元进行非同步模式下的精度（比差、角差等）和延时测试。

（3）对模拟量输入式的合并单元的采样响应时间进行测试。

（4）对模拟量输入式的合并单元的采样值发布离散值进行测试。

（5）对模拟量输入式的合并单元的 SV 报文完整性进行测试。

（6）对模拟量输入式的合并单元的对时误差进行测试。

（7）对模拟量输入式的合并单元的守时误差进行测试。

（8）对模拟量输入式的合并单元是否存在整周波延时进行测试。

（9）对模拟量输入式的合并单元进行双 MU 联合测试。

（10）对模拟量输入式的合并单元各次谐波含有率和总畸变率进行测试。

（11）对模拟量输入式的合并单元的各次谐波精度进行测试。

（12）对模拟量输入式的合并单元的多个测试项目进行综合自动化测试。

（13）装置配有 USB 口，可外接键盘鼠标 U 盘等设备。

（14）适应长期持续运行，可永久实时记录比差和角差。

（三）仪器检定接线图

1. 合并单元检定（同步）

（1）三相程控功率源输出的三相电压信号连接到合并单元三相电压输入口。

（2）三相程控功率源输出的三相电流信号连接到合并单元三相电流输入口。

（3）合并单元输出的数据量连接到校验仪的光口 1/光口 2/光口 3/电口。

（4）将变电站的同步信号接到本校验仪的同步信号输入和合并单元的同步输入口。如果使用本校验仪的同步信号，则将校验仪的同步信号输出连接到合并单元的同步输入口。

（5）带源合并单元测试仪同步检定合并单元方案如图 4-17 所示。

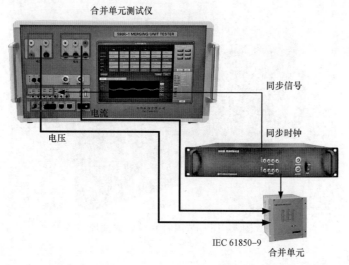

图 4-17 带源合并单元测试仪同步检定合并单元方案

2. 合并单元检定（非同步）

（1）三相程控功率源输出的三相电压信号连接到合并单元三相电压输入口。

（2）三相程控功率源输出的三相电流信号连接到合并单元三相电流输入口。

（3）合并单元输出的数据量连接到校验仪的光口 3。

注：所谓非同步就是合并单元测试仪与合并单元时间不同步。

带源合并单元测试仪非同步检定合并单元方案如图 4-18 所示。

（四）带源合并单元测试仪软件界面

1. 功率源软件界面

功率源界面功能主要是设置功率源的输出参数，包括基波参数、谐波配置、FT3 加量等。图 4-19 为数字功率源控制界面。

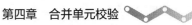

合并单元测试仪

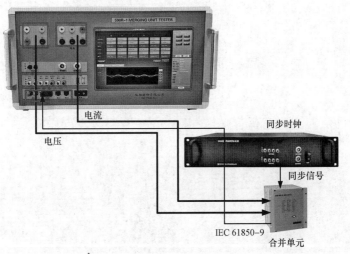

图 4-18　带源合并单元测试仪非同步检定合并单元方案

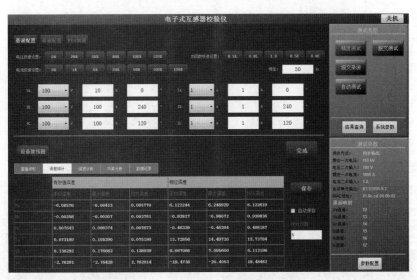

图 4-19　数字功率源参数设置界面

2. 准确度测试软件界面

图 4-20 为 MU 误差测试界面。

（1）参数设置区。在做精度测试前，需要对测试参数进行配置。具体内容如下：

同步方式：同步输出、接收电秒脉冲、接收光秒脉冲、接收 B 码电信号、接收 B 码光信号。

额定一次电压：电压互感器一次侧额定电压值。

电压二次输入：电压互感器二次侧额定电压值。

额定一次电流：电流互感器一次侧额定电流值。

电流二次输入：电流互感器二次侧额定电流值。

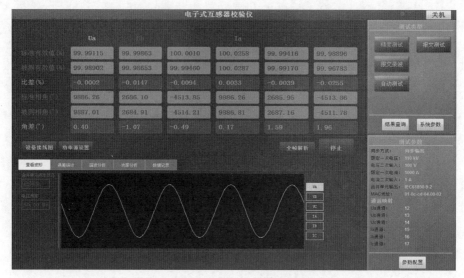

图 4-20 MU 误差测试界面

合并单元输出：合并单元输出数字量 61850-9-2 协议。

通道映射：U_a、U_b、U_c、I_a、I_b、I_c 对应的通道位置。

（2）数据显示区。测试三相电压、电流互感器或通过合并单元输出的电压、电流与标准器比的比差和角差。

（3）功能选择区。可以显示在测试过程中查看波形、误差统计、谐波分析、功率分析。

3. 报文测试软件界面

（1）MU 报文质量测试软件界面。图 4-21 为 MU 报文质量测试界面。

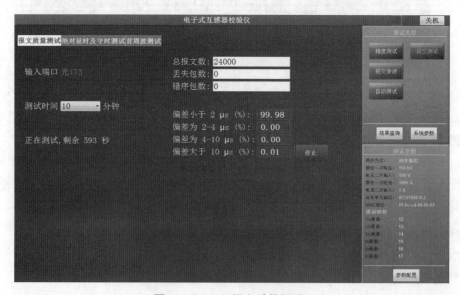

图 4-21 MU 报文质量测试

在规定的时间内，抓取所有报文进行分析，统计报文的总数、丢失包数、错序包数、报文间隔时间偏差小于 2μs 的比例数、偏差在 2～4μs 的比例数、偏差在 4～10μs 的比例数、偏差大于 10μs 的比例数。

（2）绝对延时、对时误差及守时误差测试软件界面。绝对延时及守时测试界面如图 4-22 所示。

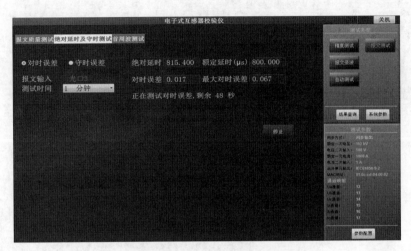

图 4-22 绝对延时及守时测试界面

用以测试合并单元对时、守时特性。通过外部时钟，根据报文可测定电子式互感器的绝对延时时间；通过外部时钟，可测定合并单元对时误差和守时特性。具体操作见对时误差和守时特性测试。

4. 首周波测试软件界面

首周波测试的主要目的是测试合并单元是否存在整周波延时，如图 4-23 所示。

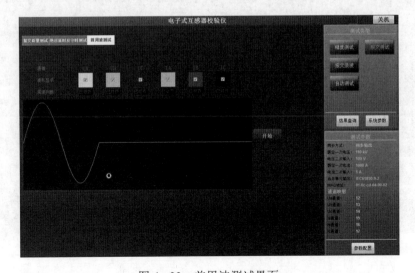

图 4-23 首周波测试界面

5. 报文录波软件界面

报文录波选择录入一定时间内所有捕获到的报文，能过解析报文的内容可分析报文传输及采样情况，并可显示其波形，如图4-24所示。

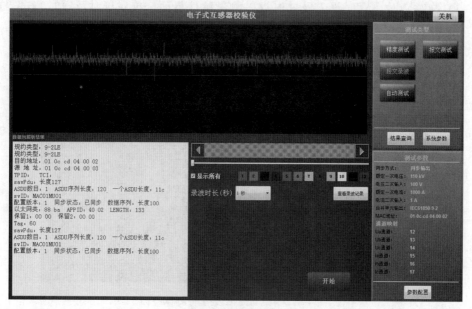

图4-24　报文录波界面

6. 自动测试

通过设定合并单元测试方案，进行合并单元测试，如图4-25。

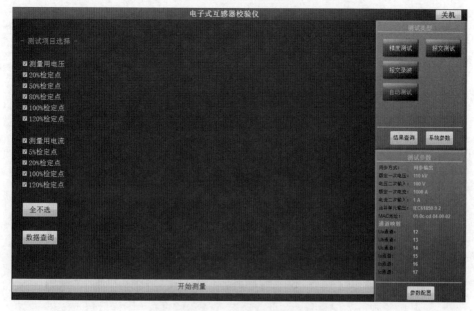

图4-25　合并单元自动测试界面

第三节　合并单元误差测试

一、不带源合并单元测试仪测试合并单元误差

（一）接线

不带源的合并单元测试仪测试合并单元分为同步测试和非同步测试，按校准规范，优先采用同步测试，在采件时采用非同步测试。同步测试接线如图4-9所示，非同步测试接线如图4-10所示。

（二）参数设置

仪器功能选择在"精度测试"界面。点击"参数配置"，设置一次电压、二次电压，一次电流、二次电流信号，选择同步信号及协议等参数，点击"保存"。如果使用交换机且有多个组播子网，则可点击"MAC过滤"，校验仪将根据设置的组播地址过滤数据帧，如图4-26所示。

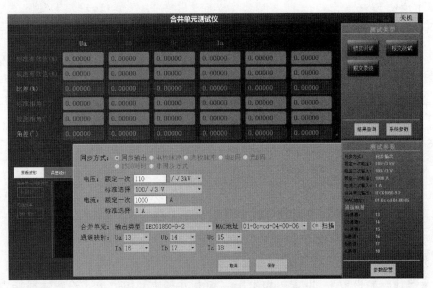

图4-26　合并单元测试参数设置界面

（三）开始检测

参数设定后，点"保存"按钮，之后点"开始"，开始误差测量。通过三相程控功率源输出三相电压信号、三相电流信号，分别保存电压通道在额定电压的80%、100%和120%测试点、电流通道在额定电流的5%、20%、100%和120%测试点测出的比值差和相位差，通过结果查询可查看各测度点的误差值。

（四）检测结果处理

合并单元电压电流通道误差测试数据见表4-10。

表 4–10   合并单元电压电流通道误差测试数据（I_n=1A，U_n=100$\sqrt{3}$ V）

测试数据	U_A		U_B		U_C	
	比值差（%）	相位差（′）	比值差（%）	相位差（′）	比值差（%）	相位差（′）
80%	− 0.005 7	0.05	− 0.015 7	0.49	0.004 3	0.71
100%	− 0.001 7	− 0.59	− 0.012 9	− 0.18	0.007 5	0.13
120%	0.007 2	− 1.07	− 0.010 5	− 0.67	0.009 3	− 0.12

测试数据	I_A		I_B		I_C	
	比值差（%）	相位差（′）	比值差（%）	相位差（′）	比值差（%）	相位差（′）
5%	0.085 3	8.96	0.101 1	8.41	0.042 3	8.6
20%	0.058 5	6.31	0.056 4	6.16	0.028 7	6.77
100%	0.006 7	− 0.08	0.000 3	0.56	− 0.015 6	2.06
120%	0.010 2	− 0.13	0.003 6	− 0.11	− 0.012 4	1.56

二、带源合并单元测试仪测试合并单元误差

（一）接线

带源的合并单元测试仪自身带有功率源，可不需要外接功率源，方便测试工作。当然也可以采用外部功率源，而不使用测试仪本身的功率源。因此带源的合并单元测试仪在测试接线分为外部功率源和内部功率源两类，如果采用外部功率源，其接线与不带源的合并单元测试仪完全一样，可参见不带源合并单元测试仪测试合并单元。采用内部功率源时，其同步测试接线如图 4–17 所示，非同步测试接线如图 4–18 所示。

（二）参数设置

1. 仪器功能选择在"精度测试"界面

点击"参数配置"，设置一、二次电压，一、二次电流信号，选择同步信号及协议等参数，点击"保存"。如果使用交换机且有多个组播子网，则可点击"MAC 过滤"，校验仪将根据设置的组播地址过滤数据帧，如图 4–27 所示。

2. 仪器功能选择在"功率源设置"界面

点击"功率源设置"，设置三相电压三相电流幅值、相位等，设置完成后点击"完成"按钮，如图 4–28 所示。

（三）开始检测

参数设定后，点开始按钮，开始误差测量。

通过三相程控功率源输出三相电压信号、三相电流信号，分别存贮下电压通道在额定电压的 80%、100% 和 120% 测试点，电流通道在额定电流的 5%、20%、100% 和 120% 测试点测出的比值差和相位差，通过结果查询可查看各测度点的误差值。

（四）检测结果处理

合并单元误差测试数据见表 4–11。

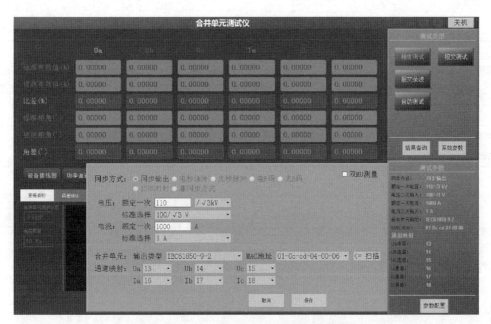

图 4-27　合并单元测试参数设置界面

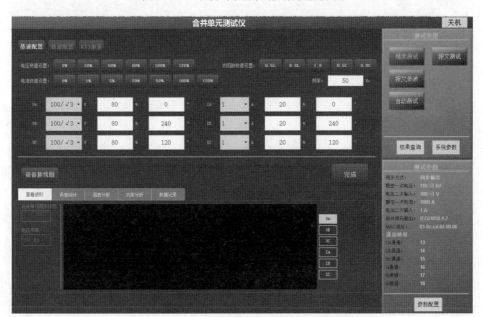

图 4-28　带源合并单元测试仪功率源设置界面

表 4-11　　合并单元电压、电流通道误差测试数据（I_n=1A，U_n=57.7V）

测试数据	U_A		U_B		U_C	
	比值差（%）	相位差（'）	比值差（%）	相位差（'）	比值差（%）	相位差（'）
80%	0.002 5	0.49	−0.019 3	0.41	0.008 5	0.94
100%	0.009 4	−0.25	−0.016 9	0.36	0.010 9	0.56
120%	0.011 2	−0.87	−0.009 5	−0.13	0.001 2	0.25

续表

测试数据	I_A		I_B		I_C	
	比值差（%）	相位差（′）	比值差（%）	相位差（′）	比值差（%）	相位差（′）
5%	0.114 9	8.26	0.105 8	8.67	0.062	9.64
20%	0.078 6	6.93	0.072 4	6.57	0.053 2	7.15
100%	0.018 2	0.5	0.011	0.59	0.005 6	1.94
120%	0.021 2	− 0.56	0.013	− 0.11	0.005 4	1.22

第五章

电子式互感器校验

第一节　电子式互感器校验技术现状

与传统互感器相比，电子式互感器通过合并单元输出的是数字量，因此传统互感器校验方法并不适用于电子式互感器，传统互感器校验装置难以对电子式互感器进行校验。

电子式互感器输出形式与传统互感器不同。传统电压互感器的额定输出为 $100/\sqrt{3}$ V 或 100V，传统电流互感器的额定输出为 1A 或 5A。而电子式互感器输出形式包含模拟小电压信号和数字信号。对于模拟小电压信号输出，GB/T 20840.7—2007 和 GB/T 20840.8—2007 标准规定电压额定输出值为 1.625、2、3.25、4、6.5V 等，电流额定输出值为 22.5mA、150mA、200mA、225mA、4A 等，此部分在现场校验中由于易受环境及装置影响，所检测的数据不具有可信度，因此现场不做此项校验；电子式互感器通过合并单元输出的是数字信号，输出形式是电压和/或电流采样值组合而成的数据报文。通常对电子式互感器的校验，是指对互感器数字信号的输出校验。

目前技术条件下，电子式互感器尚不能作为标准器使用，在对其进行校验时，仍然采用传统互感器作为标准器，并为电子式互感器校验装置提供标准信号。下面介绍电子式互感器的校验方法。

一、电子式互感器模拟输出校验

对于电子式互感器的模拟量输出，校验方法可分为两类：模拟式校验方法和数字式校验方法。

（1）模拟式校验方法。以电子式电流互感器为例，一次电流经过标准电流互感器输出与一次电流同相的二次电流，然后再经过可变标准电阻得到一次电流的同相分量，经过可变标准电容得到一次电流的正交分量。两者求和后与被校电子式互感器的二次输出同时输入到平衡指示计中。调节标准电阻和标准电容的大小以改变同相分量和正交分量在和值中的比例，直至平衡指示计指零。根据标准电阻和标准电容的大小，可得到电子式互感器的比值误差和相位误差。

（2）数字式校验方法。数字式校验方法又可以分为直接比较法和测差法两类。

直接比较法是将标准信号和被校电子式互感器的输出直接送入计算机，由软件完成比值误差和相位误差的计算。

直接比较法的优势在于标准互感器额定输出和电子式互感器额定输出不需要完全一致，使得标准互感器的选择更方便。其不足之处在于直接法要求两个数据采样通道必须同步，否则将会对相位误差测量带来较大误差；其次，标准信号采集单元的采样准确度必须足够高，而且要求在软件计算中的计算误差也必须足够小。目前，在技术上已成熟，因此现在互感器校验基本都采用直接比较法。

测差法是指将电子式互感器的模拟输出信号和标准信号作差，根据差值信号得出两者的比值误差和相位误差，其原理与传统互感器校验的测差法类似，其原理如图 5-1 所示。测差法对于测差单元的准确度要求相对较低。

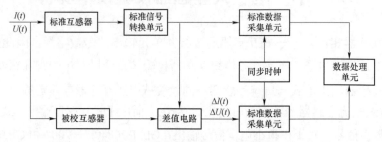

图 5-1　电子式互感器模拟输出测差法校验原理框图

二、电子式互感器数字输出校验

电子式互感器数字输出校验方法可参照 JJF1617—2017《电子式互感器校准规范》，采用直接比较法。将被校电子式电流互感器和标准电流互感器串接形成回路，或将被校电子式电压互感器和标准电压互感器并接。标准互感器的输出连接电子式互感器校验仪的标准数据采集单元，被校电子式互感器的数字输出通过网口接入电子式互感器校验仪。同步脉冲发生器输出同步信号，保证被校电子式互感器的采样单元与电子式互感器校验仪的采样单元同步采样。电子式互感器校验仪的上位机软件计算标准互感器和被校电子式互感器的幅值和相位，并比较两者的差异，得到被校电子式互感器的比值误差和相位误差。该方法对电子式互感器校验仪的标准数据采集单元的准确度要求较高。

第二节　电子式互感器误差校验原理

一、电子式互感器的误差

电子式互感器的基本误差包括比值误差和相位误差。

比值误差的基本误差定义为互感器实际变比不等于额定变比引起的误差：

$$\varepsilon = (K_{ra}F_s - F_p) / F_p \times 100\% \qquad (5-1)$$

式中：K_{ra} 为互感器额定变比；F_s 为二次电流（电压）输出方均根值；F_p 为一次电流（电压）的方均根值。

相位误差的定义为二次电流（电压）相位与一次电流（电压）相位差，单位为分或厘弧。

电子式互感器的输出信号可以分为模拟量输出和数字量输出两种。在校验中，对模拟量和数字量输出都需要进行误差校验。

（一）电子式互感器的模拟量输出基本误差

在稳态下，电子式电流互感器的一次电流表示为：

$$i_p(t) = \sqrt{2}I_p \sin(2\pi ft + \varphi_p) + i_{pres}(t) \qquad (5-2)$$

式中：I_p 为一次电流基波的方均根值；f 为基波频率；φ_p 为一次相位移；$i_{pres}(t)$ 为一次剩余电流，包括谐波和次谐波分量及一次直流电流；t 为时间瞬时值。

电子式电流互感器的模拟量输出为二次转换器输出的与一次电流对应的模拟电压信号，可表示为：

$$U_s(t) = \sqrt{2}U_s \sin(2\pi ft + \varphi_s) + U_{sdc} + u_{sres}(t) \qquad (5-3)$$

式中：U_s 为 $U_{sdc} + u_{sres}(t) = 0$ 时二次转换器输出的方均根值；f 为基波频率；φ_s 为二次相位移；U_{sdc} 为二次直流电压；$u_{sres}(t)$ 为二次剩余电压，包括谐波和次谐波分量。

1. 比值误差

电子式电流互感器的比值误差定义为实际变比不等于额定变比引起的误差，模拟量输出和数字量输出时，二次输出不同。对于模拟量二次输出为小电压信号，其表达式为：

$$\varepsilon = (K_{ra}U_s - I_p) / I_p \times 100\% \qquad (5-4)$$

式中：K_{ra} 为额定变比；I_p 为实际一次电流的方均根值；U_s 为当 $U_{sdc}(n) + u_{sres}(t_n) = 0$ 时，二次转换器输出的方均根值。

电子式电压互感器模拟量输出时的比值误差和相位误差定义与之是一样的。电子式电压互感器模拟量输出比值误差：

$$\varepsilon_u = (K_r U_s - U_p) / U_p \times 100\% \qquad (5-5)$$

2. 相位误差

电子式互感器的相位差和相位误差要分别定义。对电子式电流互感器模拟量输出而言，相位差 φ 为一次电流相量和二次输出相量的相位之差，相量方向选定为在额定频率下理想互感器的相位差角等于其额定值。当二次输出相量超前于一次电流相量时相位差为正值，通常用分或厘弧表示。

$$\varphi = \varphi_s - \varphi_p \qquad (5-6)$$

式中：φ_p 为一次相位角；φ_s 为二次相位角。

在额定频率下，相位误差 φ_e 为相位差 φ 减去因额定相位偏移 φ_{or}（电子式互感器因选用的技术产生的额定相位差）和额定延时时间 t_{dr}（数据处理和传输所需时间的额定值）所引起的偏移量，即采样脉冲与此脉冲对应实际采样之间的时间差引起的相位差。

$$\varphi_e = \varphi - (\varphi_{or} - 2\pi f t_{tdr}) \qquad (5-7)$$

（二）电子式互感器的数字量输出基本误差

1. 比值误差

电子式互感器数字量输出不是时间的函数，而是一序列数值，因而是计数 n 的函数，n 为整数。一次电流和电压的第 n 次数据集采样完毕的时间称为 t_n。

由于采用等间隔采样，样本之间的时间间隔 $T_s = t_{n+1} - t_n$ 是恒定值，并等于数据速率的倒数，如采样频率为 4000Hz，则 $T_s = 250\mu s$。

因此，电子式电流互感器数字量输出可描述为：

$$i_s(n) = \sqrt{2}I_s \sin(2\pi f t + \varphi_s) + I_{sdc}(n) + i_{sres}(t_n) \qquad n = 1,2,\cdots,N \qquad (5-8)$$

式中：$i_s(n)$ 为数字量输出，代表一次电流的瞬时值；I_s 为 $I_{sdc}(n) + i_{sres}(t_n) = 0$ 时，该数字量输出的方均根值；$I_{sdc}(n)$ 为包括指数衰减分量的二次直流输出；$i_{sres}(t_n)$ 为二次剩余输出，包括谐波和次谐波分量；n 为数据组计数器的计数，即采样次数；t_n 为一次电流第 n 次数据组的抽样时刻；f 为基波频率；φ_s 为二次相位移。

电子式电流互感器数字量输出的比值误差为实际变比不等于额定变比引起的误差，它的表达式为：

$$\varepsilon = (K_{rd}I_s - I_p) / I_p \times 100\% \qquad (5-9)$$

式中：K_{rd} 为额定变比；I_p 为实际一次电流的基波方均根值［在其谐波分量 $i_{sres}(t) = 0$ 时的有效值］；I_s 为二次输出的基波数字量方均根值［当 $I_{sdc}(n) + i_{sres}(t_n) = 0$ 时数字量输出方均根值］，为数字计算的结果。

同样也可以定义电子式电压互感器的比值误差：

$$\varepsilon_u = (K_r U_s - U_p) / U_p \times 100\% \qquad (5-10)$$

式中：K_r 为电压互感器额定变比；U_p 为实际一次电压的基波方均根值［在其谐波分量 $u_{sres}(t) = 0$ 时的有效值］；U_s 为二次输出的基波数字量方均根值［当 $U_{sdc}(n) + u_{sres}(t_n) = 0$ 时数字量输出方均根值］，为数字计算的结果。

2. 相位误差

对于数字量输出的电子式互感器的相位差和相位误差要分别定义。

数字量输出的相位差为一次端子某一电流的出现瞬时与所对应数字数据集在 MU 输出的传输起始瞬时之时间差（用额定频率的角度单位表示）。由于数字量输出要求与时钟脉冲同步，数字输出量对应于其采样脉冲 n 对应时间 t 时刻的一次电流（电压）值，相位误差是时钟脉冲与数字量传输值对应的一次电流采样瞬时之时间差（用额定频率的角度单位表示）。

校验中，一般把标准互感器的二次输出相位看作一次电流（电压）相位（忽略标准互感器的相位误差）。对于电子式互感器数字量输出，由于输出为间隔采样时间的数字量，从采样到数字量经合并单元输出过程中，存在采样设备技术引起的相位偏移和数字处理及传输引起的时间延时，使报文从合并单元输出时一次电流（电压）的相位与数字量对应的电流（电压）相位存在相位差，使得电子式互感器数字二次与一次相位差包括了三部分：与设备有关的相位偏移值、报文处理和传输时间引起的相位变化值和互感器额定采样时间与实验采样时间差引起的相位偏移。把与设备相关的相位偏移值称为额定相位偏移 φ_{or}，数字处理和传输时间 t_{dr} 引起的相位变化对于正弦波形来说 $\varphi_{dr}=-2\pi f t_{dr}$，此时电子式互感器的相位误差应为：　$\varphi_e = \varphi-(\varphi_{or}-2\pi f t_{dr})$

图 5-2 所示为一台电子式电流互感器的相位差与相位误差的区别。

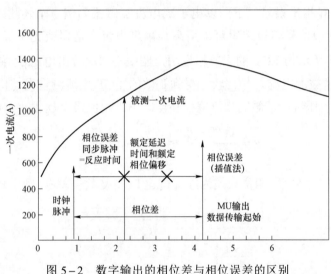

图 5-2　数字输出的相位差与相位误差的区别

图 5-2 中，箭头所指一次电流与到达传输开始的这段时间便是相位差。它包括两个分量：一个恒定等于 $\varphi_{or}-2\pi f t_{dr}$ 的额定值和一个可能变化的值。相位差与 $\varphi_{or}-2\pi f t_{dr}$ 的任何差异值形成相位误差。

当多个合并单元用一个公共时钟脉冲同步时，时钟脉冲与电流或电压测量之间的时间间隔也形成相位误差，该时间也称为反应时间。时钟脉冲通常每秒一次，用它使合并单元的内部时钟与主时钟同步。由于时钟脉冲是良好确定的周期性信号，可以做到反应时间为 0。因此，可确保两个时钟脉冲之间的各次测量皆不超过互感器规定的相位误差。

二、电子式互感器模拟量输出误差校验原理

电子式互感器的模拟输出为交流小电压信号，但根据互感器种类不同有所差异。电子式电流互感器，其二次输出电流的标准值一般为 22.5mA、40mA、100mA、150mA、225mA、

1A、4A；电子式电压互感器，中性点绝缘系统的输出标准值一般为 1.625、2、3.25、4、6.5V；中性接地系统的输出标准值一般为 1.625/$\sqrt{3}$ 、2/$\sqrt{3}$ 、3.25/$\sqrt{3}$ 、4/$\sqrt{3}$ V 和 6.5/$\sqrt{3}$ V。

校准模拟量输出型电子式互感器的误差校验目前有两种方案：即测差法和直接比较法。

1. 测差法

根据 GB/T 20840.8—2007，电子式电流互感器模拟量输出的比值误差定义为：

$$\varepsilon = \frac{K_{ra}U_s - I_p}{I_p} \times 100\% \qquad (5-11)$$

式中：K_{ra}、I_p、U_s 分别为电子式电流互感器的额定变比、一次被测电流基波有效值及二次输出电压基波有效值。而电子式电流互感器相位误差的定义为式（5-5）。

测差法校验的基本原理是将标准互感器的二次输出经过标准信号转换装置后与被校电子式互感器的模拟输出作差，利用该差值与标准信号的比较，得到被校电子式互感器的比值误差和相位误差。下面以电子式电流互感器为例，阐述测差法校验的原理和方法。图 5-2 中信号转换装置可采用高准确度电量变送器或无感标准电阻。

图 5-3（a）所示为 ECT 的误差相量图，图中将二次输出电压 $\dot{U}_s$ 乘以 ECT 的额定变比 K_{ra} 后与一次被测电流 $\dot{I}_p$ 相比较，得到等效的 ECT 电流测量误差值 $\Delta \dot{I}$。这里假定已经对二次输出电压进行了额定相位偏移补偿。由于相位误差 φ_e 很小，因此有：

$$\varepsilon = \frac{K_{ra}U_s - I_p}{I_p} \approx \frac{U_{ac}}{I_p} \ , \quad \varphi_e \approx \frac{U_{cb}}{I_p} \qquad (5-12)$$

若以比值误差为实部，相位误差为虚部构建 ECT 复数误差 $\dot{e}$，则由式（5-12）可得：

$$\dot{e} = \varepsilon + j\varphi_e = \frac{U_{ac} + jU_{cb}}{I_p} = \frac{\Delta I}{\dot{I}_p} \qquad (5-13)$$

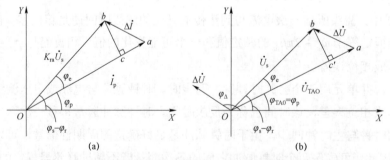

图 5-3　模拟输出型 ECT 的误差相量图和误差校验相量图

（a）ECT 误差相量图；（b）ECT 误差校验相量图

由此可以看出，通过求 ECT 的等效电流测量误差值 $\Delta \dot{I}$ 与一次电流 $\dot{I}_p$ 的复数比值，便可得到 ECT 的比值误差和相位误差。

图 5-3（b）所示为 ECT 的误差校验相量图，标准电流互感器输出 $\dot{U}_{TA0}$ 乘以额定变比近似等于一次电流，略去变比，得到被校互感器、标准互感器二次输出的相量图。可知 $\dot{e} = \dfrac{\Delta \dot{I}}{\dot{I}_p} \approx \dfrac{\Delta \dot{U}}{\dot{U}_{TA0}}$。

图 5-4 为基于差值电压法的 ECT 校验系统原理图。标准电流互感器 TA0 和被测 ECT 串接在升流器回路中，TA0 的输出串接标准电阻 R_0 将信号转换成较小电压信号，该电压信号与 ECT 的输出通过差值电路信号调理模块，进入数据采集卡，采集的数据进入 PC 进行分析计算，从而得到被校 ECT 的比值误差和相位误差。

由图 5-4 可知，TA0 的一次线圈和被测 ECT 的一次侧是串联的，TA0 和标准电阻将一次电流 $\dot{I}_p$ 转换成电压 $\dot{U}_{TA0}$ 输出。

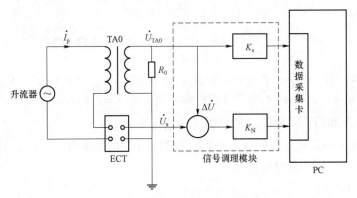

图 5-4　测差法模拟输出校验原理框图

假定 TA0 的额定转换率为 K_0，考虑到信号调理模块输入阻抗很大，因此由 TA0 产生的输出电压 $\dot{U}_{TA0} = R_0 \dot{I}_p / K_0$。将由 TA0 和 R_0 组成的 I/U 系统设计成 $\dot{U}_{TA0} = \dot{I}_p / K_{ra}$，取标准电阻 $R_0 = K_0/K_{ra}$。考虑到 $\dot{U}_{TA0} = \dot{I}_p / K_{ra}$，可将图 5-3（a）中的每个相量都除以标量 K_{ra}，得到一个完全相似的相量图 5-3（b），这就是 ECT 误差校验相量图。将 ECT 的电压输出 $\dot{U}_s$ 与 $\dot{U}_{TA0}$ 进行差值比较后得到 $\Delta \dot{U}$，然后将 $\dot{U}_s$ 与 $\dot{U}_{TA0}$ 同时输入到数据采集卡。与式（5-13）的推导相同，这时 ECT 的复数误差可表示为：

$$\dot{e} = \varepsilon + j\varphi_e = \frac{\Delta \dot{U}}{\dot{U}_{TA0}} \tag{5-14}$$

在经过信号调理模块处理后，可以对经过适当放大的 $\dot{U}_s$ 与 $\dot{U}_{TA0}$ 进行采样。利用离散傅里叶算法（DFT）及锁相环技术，便可以得到 $\dot{U}_s$ 与 $\dot{U}_{TA0}$ 的幅值和初相角（$\varphi_\Delta, \varphi_s$）。于是，ECT 的误差可表示为：

$$\varepsilon = \frac{\Delta U}{U_{TA0}} \cos(\varphi_\Delta - \varphi_s) \times 100\% \tag{5-15}$$

$$\varphi_c = \frac{\Delta U}{U_{TA0}} \sin(\varphi_\Delta - \varphi_s) \times 3438' \tag{5-16}$$

在图 5-4 所示的 ECT 校验系统中，相对于被校 ECT 来说，TA0 的误差可以忽略（标准互感器比被校互感器高二个等级），因此差值信号构建这部分线路的测量误差主要是由无感标准电阻 R_0 的标称误差引起的。而信号调理模块引入的测量误差主要由 $\Delta \dot{U}$ 与 $\dot{U}_{\mathrm{TA0}}$ 两个调理通道的放大倍数标称误差及相位偏移产生。假定标准电阻的实际阻值为 $R_0 + \Delta R$，$\Delta \dot{U}$ 通道的实际放大倍数为 $(K_{\Delta 0} + \Delta K_{\Delta})e^{\mathrm{j}\varphi_{\Delta}}$，$\dot{U}_{\mathrm{TA0}}$ 通道的放大倍数为 $(K_{s0} + \Delta K_s)e^{\mathrm{j}\varphi_s}$，这里下标为零的是标称值。在乘以还原放大倍数 $K_{s0}/K_{\Delta 0}$ 后，测得的 ECT 复数误差 $\dot{e}'$：

$$\dot{e}' = \frac{K_{s0}(K_{\Delta 0} + \Delta K_{\Delta})e^{\mathrm{j}\varphi_{\Delta}}\Delta \dot{U}}{K_{\Delta 0}(K_{s0} + \Delta K_s)e^{\mathrm{j}\varphi_s}\Delta \dot{U}_{\mathrm{TA0}}} \tag{5-17}$$

考虑到 $\dot{U}_{\mathrm{TA0}} = (R_0 + \Delta R)\dot{I}_p / K_0$，$\Delta \dot{U} = \dot{U}_s - \dot{U}_{\mathrm{TA0}}$，且假定 $\Delta \varphi = \varphi_{\Delta} - \varphi_s$ 较小，则式（5-17）可变为：

$$\dot{e}' = \frac{1}{1 + \gamma_r} \cdot \frac{1 + \gamma_{\Delta}}{1 + \gamma_s}[(\varepsilon - \gamma_r - \Delta \Phi \varphi_c) + \mathrm{j}(\varphi_e - \Delta \Phi \varepsilon - \Delta \Phi \gamma_r)] \tag{5-18}$$

式（5-18）中，标称误差 $\gamma_r = \Delta R / R_0$，$\gamma_{\Delta} = \Delta K_{\Delta} / K_{\Delta 0}$，$\gamma_s = \Delta K_s / K_{s0}$。

显然测量值 $\dot{e}' = \varepsilon' + \mathrm{j}\varphi'_c$ 不等于 ECT 的复数误差 $\dot{e}' = \varepsilon + \mathrm{j}\varphi_c$，$\gamma_r$、$\gamma_{\Delta}$、$\gamma_s$ 及 $\Delta \Phi$ 均对 ECT 的比值误差和相位误差的测量准确度造成影响。

由于 R_0 的大小关系到对前级互感器精度的影响，以及本身功耗带来的阻值变化，直接给系统带来不可忽略的附加误差。

2. 直接比较法

直接比较法是将标准信号和待测电子式互感器的输出经过一定的信号处理后直接送入计算机，由软件完成比值误差和相位误差的计算。直接比较法的原理框图如图 5-5 所示，标准通道由标准互感器、标准信号转换单元以及标准信号数据采集单元构成。被校互感器的数据采集与标准通道的数据采集通过同步时钟进行同步，控制系统给出同步采样信号对参考通道和被测电子式互感器的数据采集装置实现同步采集，采样数据经过计算与分析单元处理，得到被校电子式互感器的比值误差和相位误差。

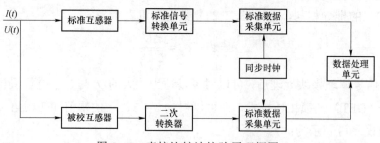

图 5-5　直接比较法校验原理框图

以电子式电压互感器为例，正弦稳态下 $u_p(t) = U_p\sqrt{2}\sin(2\pi ft + \varphi_p)$。标准电压互感器的准确度等级高于被测电子式互感器至少两个等级，设标准变比为 K_r，那么标准电压互感器的输出为：

$$u_r(t) = U_p \sqrt{2} \sin(2\pi f t + \varphi_p) / K_r \qquad (5-19)$$

被测电子式电压互感器的额定变比为 K_s，其二次输出为：

$$u_s(t) = U_s \sqrt{2} \sin(2\pi f t + \varphi_s) + U_{sdc} + U_{sres}(t) \qquad (5-20)$$

以采样周期 T_s 对 $u_r(t)$ 和 $u_s(t)$ 进行同步采样，在 t_k 时间内，其有效幅值分别为：

$$U_r = \sqrt{\frac{T_s}{t_k} \sum_{n=1}^{t_k/T_s} u_r^2(t_n)} \qquad U_s = \sqrt{\frac{T_s}{t_k} \sum_{n=1}^{t_k/T_s} u_s^2(t_n)} \qquad (5-21)$$

根据电子式互感器的误差定义，比值误差为：

$$\varepsilon = [(K_s U_s - K_r U_r) / K_r U_r] \times 100\%$$

$$= \left[K_s \sqrt{\frac{T_s}{t_k} \sum_{n=1}^{t_k/T_s} u_s^2(t_n)} - K_r \sqrt{\frac{T_s}{t_k} \sum_{n=1}^{t_k/T_s} u_r^2(t_n)} \right] \Bigg/ K_r \sqrt{\frac{T_s}{t_k} \sum_{n=1}^{t_k/T_s} u_r^2(t_n)} \qquad (5-22)$$

由于 $U_r U_s \cos(\varphi_s - \varphi_p) = u_r(t) u_s(t)$，那么相位误差可表示为：

$$\varphi_e = \varphi_s - \varphi_p = \arccos[u_r(t) u_s(t) / U_r U_s]$$

$$= \arccos \left[\frac{\sum\limits_{n=1}^{t_k/T_s} u_r(t_n) u_s(t_n)}{\sqrt{\frac{T_s}{t_k} \sum\limits_{n=1}^{t_k/T_s} u_r^2(t_n)} \cdot \sqrt{\frac{T_s}{t_k} \sum\limits_{n=1}^{t_k/T_s} u_s^2(t_n)}} \right] \qquad (5-23)$$

直接比较法的优势在于标准互感器的实际输出不必和被校电子式互感器的额定输出一致，从而方便了标准互感器的选取。其不足之处在于直接法要求两个数据采样通道必须同步，否则将会对相位误差测量带来较大的误差。其次，采集卡采样准确度必须足够高，并且误差计算环节的误差也必须足够小。这样，对硬件成本及算法提出了更高的要求。

三、电子式互感器数字量输出误差校验原理

数字量输出的电子式互感器的校验，目前基本采用 GB/T 20840.8—2007 推荐的直接比较法，其原理如图 5-6 所示，标准通道由标准互感器、标准信号转换装置以及标准信号采集装置构成。根据 JJF 1617—2017《电子式互感器校准规范》，标准互感器的准确度等级应比被测互感器高三个准确度等级，标准互感器的升降变差不应大于标准互感器误差限值的 1/5；校验仪引入的误差不应大于被测互感器误差限值的 1/4，通常的电子式互感器校验仪准确度等级为 0.05 级，包含了标准信号转换器的误差。另试验电源波动引起的测量误差应不大于被校互感器误差限的 1/20。

图 5-6 中，标准信号转换装置将标准互感器的输出信号转换成较小的电压信号，进入标准信号采集装置转换成数字序列，同步信号使合并单元的数字序列与标准信号采集

装置的数字序列实现同步采样。校验仪对合并单元输出的数字序列和标准通道的数字序列进行计算，得出被校电子式互感器的比值误差和相位误差。

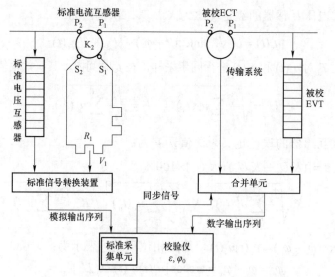

图 5-6　数字输出型电子式互感器的校验原理框图

误差计算可以采用三种方法：数字电桥法、傅里叶变换法以及数字同步检测法等。

数字电桥法是指采用等效于常规互感器电桥的功能进行数字量计算。在正弦电流和 $t_n \geqslant t_{dr} - \varphi_{or} / 2\pi f$ 的情况下，比值误差和相位误差按照式（5-24）计算：

$$\varepsilon'(\varphi_{ad}) = \frac{100}{I_p} \sqrt{\frac{T_s}{kT} \sum_{n=0}^{kT/T_s} [K_{rd} i_s(n) - i_p(t_n + \varphi_{ad} / 2\pi f)]^2} \qquad (5-24)$$

式中：K_{rd} 为额定变比；I_p 为一次电流方均根值；i_p 为一次电流；i_s 为二次数字输出（合并单元输出）；T 为一个工作周期；n 为数据集的计数；t_n 为一次电流（或电压）第 n 个数据采样完毕的时间；k 为累加周期数；T_s 为一次电流两个样本之间的时间间隔；φ_{ad} 为可调节相位移。

为计算幅值误差 ε 相位误差 φ_e，选择可调节相位移 φ_{ad} 使 $\varepsilon'(\varphi_{ad})$ 达到最小。此时，$\varphi_e = \varphi_{ad}$ 和 $\varepsilon = \varepsilon'$。相位移 φ_{ad} 可采用插值算法作数字引入。该方法为较早期的误差计算方法。

在基于傅里叶变换的误差计算方法中，$i_p(t_n)$ 和 $i_s(n)$ 皆为周期性信号，这些信号数字化后的傅里叶变换，由式（5-25）给出：

$$I_p(f) = \sum_{n=0}^{kT/T_s = 1} i_p t_n e^{-j2\pi f t_n}, \quad I_s(f) = \sum_{n=0}^{kT/T_s = 1} i_s t_n e^{-j2\pi f t_n} \qquad (5-25)$$

对于谐波 h，以 $f = f_h = h f_r$ 应用上述公式，得到 2 个复数系数：

$$I_p(f_h) = |I_p(f_h)| e^{-j\varphi_{ph}}, I_s(f_h) = |I_s(f_h)| e^{-j\varphi_{sh}}$$

对于正弦电流和 $t_n \geqslant t_{dr} - \varphi_{or} / 2\pi f$ 时，额定频率的比值误差和相位误差，用 $h=1$ 的

傅里叶变换系数计算。

比值误差为：

$$\varepsilon(\%) = \frac{K_{\mathrm{rd}}\left|I_{\mathrm{s}}(f_1)\right| - \left|I_{\mathrm{p}}(f_1)\right|}{\left|I_{\mathrm{p}}(f_1)\right|} \times 100\% \qquad (5-26)$$

相位误差为：

$$\varphi_{\mathrm{e}}(\mathrm{rad}) = \varphi_{\mathrm{sh}} - \varphi_{\mathrm{ph}} \qquad (5-27)$$

基于数字同步检测算法的误差计算方法是按照同步检测原理（通常在同步放大器上采用）进行误差计算，如图 5-7 所示。

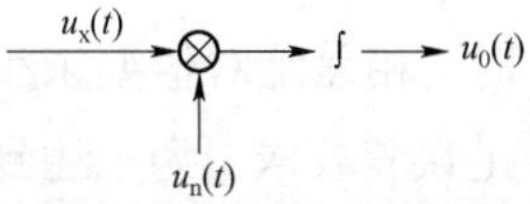

图 5-7 中：

$$u_{\mathrm{x}}(t) = u_{\mathrm{x}}\sin(\omega t + \varphi_{\mathrm{x}}), u_{\mathrm{n}}(t) = u_{\mathrm{n}}\sin(\omega t + \varphi_{\mathrm{n}})$$

$$u_0(t) = \frac{1}{T}\int_0^T u_{\mathrm{n}}(t)u_{\mathrm{x}}(t)\mathrm{d}t = \frac{1}{2}u_{\mathrm{x}}u_{\mathrm{n}}\cos(\varphi_{\mathrm{x}} - \varphi_{\mathrm{n}})$$

那么，比值误差为：

$$\varepsilon(\%) = (u_{\mathrm{x}} / u_{\mathrm{n}} - 1) \times 100\% \qquad (5-28)$$

相位误差为：

$$\varphi_{\mathrm{e}}(\mathrm{rad}) = \arccos[2u_0 / (u_{\mathrm{x}}u_{\mathrm{n}})] \qquad (5-29)$$

图 5-7　同步检测原理

在实际应用中，基于傅里叶变换的误差计算方法应用最广泛。傅里叶变换算法对于 50Hz 的固定频率，其计算误差是可以忽略的，但实际上电网频率在 49.5～50.5Hz 之间波动，若不进行信号频率的实时测量，按照固定采样率采样的数据进行傅里叶变换以求取基波分量，则校验准确度将受到很大影响。通常利用 DFT 算法和准同步算法相结合进行基波分量的提取，以解决电网频率波动带来的问题。

DFT 与准同步算法相结合，对于一个周期为 T 的周期函数 $f(t)$，它的平均值为 $\bar{f}(t) = \frac{1}{T}\int_t^{t+T} g(t)\mathrm{d}t$，其中 t 是积分起点。若在一周期内等分成 N 段，由梯形求积公式可知：

$$\bar{f}(t) = \frac{1}{N}\sum_{i=1}^{N} f(t_i) \qquad (5-30)$$

如果增加 N 的值，可以使 $f(t)$ 的平均值达到很高的精度，这就是准同步采样的基本原理。如果区间长度不是 T 而是 $T \pm \varDelta$，$\varDelta$ 为波动误差，则由式（5-30）计算的 $f(t)$ 的平均值与 $f(t)$ 真正的平均值之间存在一定的误差。如果通过提高每周期的采样次数，再用 DFT 算法分析，这样增加了计算量，并且误差随波动误差 $\varDelta$ 的增加而增加，所以以增加采样次数很难达到目的。而准同步采样在允许不大的误差 $\varDelta$ 存在的情况下，可通过适当增加采样区间来消除非同步误差带来的影响。

当电网频率波动时，若采用固定采样率采样，会导致非整周期采样的情况出现，见图 5-8。

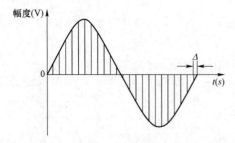

图 5-8 电网波动时带来的非整周期采样示意图

因此，若对采样数据按离散傅里叶变换进行处理必然会带来误差。用 DFT 算法和准同步算法相结合的方法可实现对信号的高准确度分析。

除了算法外，标准通道和被校通道两路信号的采集必须同步采样，对于标准通道 0.05 级的校验准确度，在额定量的 100% 时，相差绝对值要求小于 2′，即标准和被校两路信号必须同步采样，否则校验结果不满足误差要求。为了达到校验系统 0.05 级的校验要求，尽可能地减小同步误差就成为校验系统的关键。这需要满足两点：高准确度同步脉冲源和同步实现方法。

不同于模拟输出的校验，数字输出的校验需在同一时刻，分别得到标准互感器和待测电子式互感器的数字输出信号，对两路信号直接进行误差的比对。同步方法及同步源的不同都会影响最终的校验结果。

电子式互感器校验所用的同步方式主要有两种，分别是同步脉冲法和固定延时法。

同步脉冲法是严格按照电子式互感器的工作方式进行校验，如电子式互感器实际使用 IEEE 1588 同步方式运行时，在校验误差时，则也采用支持 IEEE 1588 同步方式的电子式互感器校验仪进行校准。标准系统与被校电子式互感器通过同步脉冲进行同步采样，得到数字采样值序列，然后通过相应算法可以得出相应的比值误差和相位误差。

此方法的特点是：① 要求合并单元支持秒脉冲同步功能；② 最少需要三根光纤，一根用于同步脉冲，另外两根供传输采样数据使用；③ 数据处理算法比较简单，因为采样的数据本来就是同步的，所以直接采用 FFT 算法就可以计算出比值误差和相位误差。

固定延时校验方法与被测电子式互感器对时方式无关，利用电子式互感器数据传输延时的固定性特点对电子式互感器进行误差校验。固定延时校验方法的原理框图如图 5-9 所示，标准系统与被校系统相互独立进行采样，没有同步时钟进行同步。采样得到的被测信号和标准信号输送到求值单元，求值单元同时记录下两路信号的绝对时标，然后通过插值算法得被测信号和标准信号过零点的绝对时间差 φ，然后根据额定延时时间 t_{dr} 和额定相位偏移 φ_{or} 可得到被校互感器的相位误差。该校验方法主要应用于对继保等对相位差要求不高的校验场合。

此方法的特点是：① 要求额定延时时间 t_{dr} 和额定相位偏移 φ_{or} 值准确，否则会影响互感器相位误差的测量；② 数据传输延时容易受网络结构及通信的影响；③ 没有考虑反应时间的影响；④ 数据处理算法相对复杂；⑤ 接线比较简单；⑥ 可以得到电子式互感器输出的相位差，此参数对于保护比较重要。

从误差定义来说，同步脉冲方法与固定延时方法有微小的差异，相差一个采样反应时间；实际应用中一般反应时间都比较小，理论上两种方法应该都能准确测量出互感器的比值误差和相位误差，但是由于固定延时方法比较依赖于数据传输的绝对延时测量准确性，往往容易受网络结构及通信的影响，而且目前这种测量方式暂时还无法准确溯源，易对互感器的相位误差造成较大测量偏差。在校验中，一般采用带外同步时钟的时钟脉冲法，无条件时，采用内部时钟。当不具备时钟脉冲法校验条件时，才采用额定延时法，见图 5-9。

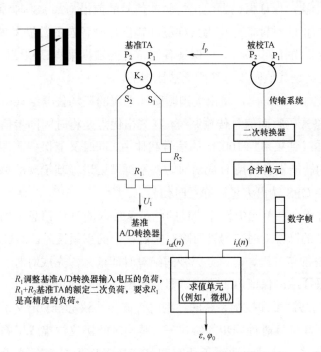

图 5-9　数字输出的电子式互感器校验原理

同步脉冲的方式应用最多，同步脉冲需要同步时钟源。

智能变电站中通常以 GPS 时间信号作为外部时间基准信号，站内采用秒脉冲、B 码等时钟同步方式。IEEE 1588 作为一种网络对时协议，能实现亚微秒级的同步精度，能使智能变电站实现网络化时钟同步。

秒脉冲即 GPS，它通过均匀分布在地球上空的 24 颗卫星向地球表面发射位置和时间信息来完成定位和授时目的。卫星除具备导航定位功能外，还有精确授时功能，精度为 0.1μs。卫星时钟不受气候和地域限制，可在全球范围内全天候提供精确统一的时间，该系统具备走时精度高、运行稳定、使用方便等特点。且无需相关传输协议，简单易行，稳定性好。1PPS 是指主时钟发送周期为 1s 的时钟信号，见图 5-10。

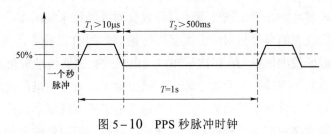

图 5-10　PPS 秒脉冲时钟

GPS 接收机经标准串口将时间信息传送给数据采集装置,给采样数据以"时间标签",以用于数据传送和处理。在电子式互感器的内部,接收到 PPS 秒脉冲后,由高精度晶振构成的振荡器经过分频能产生满足采样率要求的时钟信号,它每隔 1s 被 GPS 的秒脉冲(PPS)信号同步一次,保证振荡器输出的脉冲信号的前沿与 GPS 时钟同步。标准通道同样以经过 PPS 同步的时钟信号作为采样脉冲输出控制各自的数据采集,因此采样是同步的。利用 GPS 实现的同步采样,可保证各测试点的数据采样高精度同步,其最大同步误差不超过 1μs,这是其他同步方法所无法比拟的。

B 码的全称是 IRIG-B 码,是由美国国防部下属的靶场仪器组(IRIG)提出的并被普遍应用的 B 型格式码时间信息传输系统,其突出优点是将时间同步信号和秒、分、时、天等时间码信息加载到频率为 100Hz 的信号载体中,同时又能保持硬件上升沿对时的高准确性。变电站的智能设备采用 B 码对时,就不再需要进行基于现场总线的通信报文对时,同时也不需要 GPS 输出大量脉冲对时信号。

B 码解码对时在合并单元中设计的目的就是从传入的 B 码信息中判断出秒的秒准时沿,从而发出 PPS 的脉冲对时信号,消除对时过程中的积累误差。通过 B 码的编码格式提取出 B 码中包含的年、天、时、分、秒的绝对时间信息,完成对时。并且根据准确对时信息产生同步采样脉冲保证电子式互感器的数据采样的同步。

IEEE 1588《网络测量和控制系统的精密时钟同步协议标准》定义了一个能够在测量和控制系统中实现高精度时钟同步的协议——精确时间协议,集成了网络通信、本地计算和分布式对象等多项技术,适用于所有通过支持多播的局域网进行通信的分布式系统,特别适合于以太网。

IEEE 1588 同步方式是 DL/T 860(IEC 61850)标准中对于数据同步推荐使用的同步方式。IEEE 1588 精确时间协议,是 2002 年底发布的用于工业控制和测量领域的高精度时钟同步协议,是一种精度很高且可利用现成的以太网作为校时通道的校时方法。IEEE 1588 通过网络通信、本地计算和分布式对象等技术来实现测控系统的精确时钟同步,一个包括 IEEE 1588 对时机制的简单系统至少包括一个主时钟和多个从属时钟,若同时存在多个潜在的主时钟,则活动的主时钟将根据最优化的主时钟算法决定。

第三节　电子式互感器的数字输出校准

计量器具的校准是指在规定条件下确定测量仪器或测量系统所指示的量值、或实物量具或参考物质所代表的量值与对应标准复现的量值之间的关系。

电子式互感器的校准依据 JJF 1617—2017《电子式互感器校准规范》。

电子式互感器的一次输出分为数字输出和模拟输出,一般校准的对象为电子式互感器的数字输出,对应于合并单元的输出。另外对于电子式互感器小模拟量输出,在测试中,易受条件和测试装置影响,误差数据很难准确反映小模拟量输出的误差情况,因此现场一般不做小模拟量测试。

在 JJF 1617—2017《电子式互感器校准规范》中，规范了电子式互感器数字式输出校准的环境条件、校准设备、校准前检查和误差校验项目及方法。

一、电子式互感器的校准条件

1. 温、湿度

环境温度应在 10～35℃范围内，相对湿度不大于 80%。当环境温度超过此范围时，建议使用特殊定制的电子式互感器校验仪。

2. 误差影响因素控制

与校准工作无关的外界电磁场引起标准器的误差变化应不大于被校电子式互感器基本误差限值的 1/20。用于校准工作的调压器、升流器等工作电磁场引起标准器的误差变化应不大于被校电子式互感器基本误差限值的 1/20。

3. 试验电源

电源频率为 50Hz，由试验电源波动引起的测量误差变化应不大于被校电子式互感器基本误差限值的 1/20。

二、校验设备

1. 标准互感器

所使用的标准互感器在额定频率和被校电子式互感器量程范围内，标准互感器应比被校电子式互感器高三个准确度级别。当不具备上述条件时，可选用比被校电子式互感器高两个准确度级别的标准器作为标准，但被校电子式互感器的误差应进行标准互感器的误差修正。标准互感器的升降变差应不大于标准器误差限值的 1/5。

2. 电子式互感器校验仪

试验中所使用的互感器校验仪应具有数字输出校验功能，由其所引起的测量误差绝对值应不大于被校电子式互感器误差限值的 1/4。电子式互感器校验仪的比值误差和相位误差示值分辨力应分别不低于 0.001%和 0.05′。

3. 标准时钟源

应能提供多种同步方式，如秒脉冲、IRIG-B（DC）或 IEC 61588。其上升沿的时钟准确度应优于 1μs，10min 稳定度优于 1μs。

监测用电流表和电压表误差应不大于 1%。

三、校准前检查

1. 外观检查

电子式互感器使用目测方法进行外观检查，有下列缺陷时，应修复后方可校准：

（1）铭牌缺失或缺少必要的标记；

（2）接线端钮缺少、损坏或无标记，穿心式电流互感器没有极性标记；

（3）电子式互感器光纤有破损；

（4）可能严重影响校准工作开展的其他缺陷。

2. 工频耐压试验

互感器一次数据采集部分和二次部分在带电模拟正常运行状态下，一次端子对地之间在加载交流 2kV（直流 2.8kV）（GB/T 20840.7 和 GB/T 20840.8）电压下经 1min，不能出现通信中断、丢包、品质位改变、输出异常信号等故障。

3. 极性检查

极性检查在现场校验接线完成，开展误差测试前进行。

使用电子式互感器校验仪进行极性检查。根据电子式互感器的接线标志，当按规定的误差测量方法接线后，升起电流、电压至额定值的 5%以下试测，用校验仪的极性指示功能或误差测量功能确定电子式互感器的极性，电子式互感器极性应标识正确。

4. 报文完整性检查

将合并单元数字输出连接到电子式互感器校验仪，用校验仪的报文完整性测试功能检查电子式互感器数字输出，数字量输出报文应无丢帧、重复、错序现象。

四、电子式互感器的误差校验项目

根据校准试验测定包括电子式互感器、合并单元和标准互感器在内的校准装置的系统不确定度，以此反映电子式互感器采样到合并单元输的准确度。电子式互感器包括守时误差、比值误差、相位误差、测量重复性、短时稳定性和直流偏置等校准项目。

1. 守时误差测定

见合并单元守时误差测试部分。

2. 比值差和相位差测定

（1）误差限。测量用电子式互感器的准确级是以该准确级在额定电流下所规定最大允许电流误差的百分比来标称，包括：0.1、0.2、0.5、1、3、5。其额定频率下、额定负荷以及常温下的电流误差和相位误差应不超过表 5-1 所列值。

表 5-1　　　　　　　　测量用电子式电流互感器误差限值

准确度等级	在下列额定电流（%）时下的电流（比值）误差（±%）					在下列额定电流（%）下的相位误差（±′）				
	1	5	20	100	120	1	5	20	100	120
0.1	—	0.4	0.2	0.1	0.1	—	15	8	5	5
0.2S	0.75	0.35	0.2	0.2	0.2	30	15	10	10	10
0.2	—	0.75	0.35	0.2	0.2	—	30	15	10	10
0.5S	1.5	0.75	0.5	0.5	0.5	90	45	30	30	30
0.5	—	1.5	0.75	0.5	0.5	—	90	45	30	30
1	—	3.0	1.5	1.0	1.0	—	180	90	60	60

对 3 级和 5 级电子式电流互感器，在额定频率下的电流误差不超过表 5-2 所列值，其相位误差不做规定。

表 5-2　　　　　　　　　3 级和 5 级电子式电流互感器误差限值

准确度等级	在下列额定频率（%）下的电流（比值）误差（%）	
	50	120
3	3	3
5	5	5

注　120%额定一次电流下所规定的电流误差限值，应保持到额定扩大一次电流。

电子式电压互感器的基本准确度试验应按表 5-3 规定的各电压值，在额定频率、80%、100%及 120%额定负荷和正常环境温度下进行。

测量用电子式电压互感器的标准准确度等级为：0.1、0.2、0.5、1.0、3.0。其在 80%和 120%的额定电压及功率因数为 0.8（滞后）的 25%~100%的额定负荷下，额定频率时的电压误差和相位误差，应不超过表 5-3 规定的限值。3.0 级电子式电压互感器不作相位误差要求。

表 5-3　　　　　　测量用电子式电压互感器的电压误差和相位误差限值

准确度等级	电压（比值）误差（±%）在下列额定频率（%）时			相位误差（±'）在下列额定频率（%）时		
	80	100	120	80	100	120
0.1	0.1	0.1	0.1	5	5	5
0.2	0.2	0.2	0.2	10	10	10
0.5	0.5	0.5	0.5	20	20	20
1	1.0	1.0	1.0	40	40	40

（2）测定方法。根据 JJF 1617—2017《电子式互感器校准规范》，电子式互感器的标准误差在同步脉冲和插值两种标准方式下进行，所测结果应在误差允许范围内。测量结果以 n 次误差测量值的算术平均值 $\bar{x}$ 为准。插值方式也即是非同步方式。

1）电子式电流互感器误差测试。电子式电流互感器的误差测试应优先选用同步方式，无条件时选用固定延迟方式；其中同步方式宜选用外同步方式，无条件时可选用内同步方式。

数字量输出电子式电流互感器采用外同步方式测试接线如图 5-11 所示，采用内同步方式测试接线如图 5-12 所示。

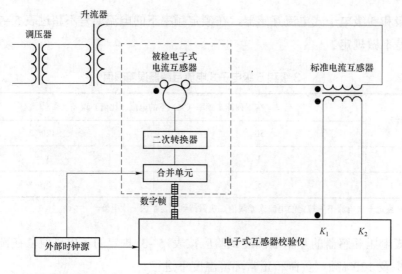

图 5-11 数字量输出电子式电流互感器检验接线图（外同步方式）

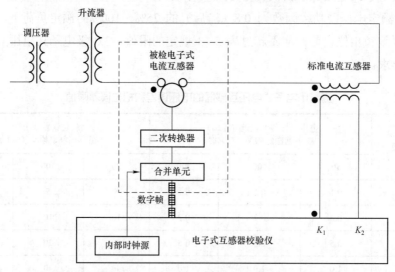

图 5-12 数字量输出电子式电流互感器检验接线图（内同步方式）

　　采用同步方式测试接线时按图 5-11 或图 5-12 方式将升流器、电子式电流互感器一次端子、标准电流互感器一次端子接成闭环。标准电流互感器输出信号连接到电子式互感器校验系统的标准转换器，被检电子式电流互感器数字输出连接到电子式互感器校验系统的数字采集单元，通过外部时钟源（一般为变电站同步信号）或者内部时钟源（校验仪时钟）实现合并单元与电子式互感器校验系统的同步采样。调节调压器，使测量覆盖到每个测量点。被检电子式电流互感器的比值误差按式（5-4）计算，相位误差按式（5-7）计算，一般可通过电子式互感器校验仪直接读出，将测试结果记录于表 5-5 中。

　　数字量输出电子式电流互感器采用固定延迟方式测试接线如图 5-13 所示。

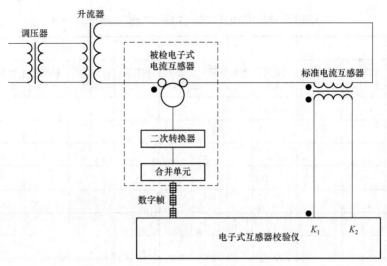

图 5-13 数字量输出电子式电流互感器检验接线图（固定延迟方式）

固定延迟方式又称为插值方式，采用固定延迟方式测试接线时按图 5-13 方式将升流器、电子式电流互感器一次端子、标准电流互感器一次端子接成闭环。

使用固定延迟方式测试时，通过电子式互感器校验仪测得相位差 φ，然后减去电子式电流互感器的额定相位偏移 φ_0 和额定延迟时间构成的相位移 $2\pi t$，其对应的相位即为试品的相位误差，电子式互感器校准原始记录如表 5-4 所示，计算方法如式（5-7）所示，将测试结果记录于表 5-5 中。

表 5-4 　　　　　　　　　　电子式互感器校准原始记录

受校准电子式互感器基本信息			
委托单位		地点	
仪器名称		型号/规格	
生产厂家		出厂编号	
测量范围		准确度等级	
额定频率			
校准时使用的标准器			
标准器名称		标准器型号/规格	
标准证书号		有效期至	
不确定度/准确度等级/最大允许误差		标准测量范围	
校准依据		校准地点	
环境温度（℃）	湿度（%RH）		校准日期
校准结果			
外观检查		工频耐压试验	—
极性试验			

表 5-5　　　　　　　　同步脉冲/插值校准数据（电子式电流互感器）

误差\测量次数	1		5		20		100		120	
	比值误差（%）	相位误差（'）	比值误差（%）	相位误差（'）	比值误差（%）	相位误差（'）	比值误差（%）	相位误差（'）	比值误差（%）	相位误差（'）
1										
2										
3										
…	…	…	…	…	…	…	…	…	…	…
8										
9										
10										
均值										
标准偏差										

本次校准的扩展不确定度为：

建议复校周期为　　　年

注　电子式电流互感器仅需取电流上升时的误差作为测量误差。

2）电子式电压互感器误差测试。电子式电压互感器的误差测试应优先选用同步方式，无条件时选用固定延迟方式；其中同步方式宜选用外同步方式，无条件时可选用内同步方式。

数字量输出电子式电压互感器采用外同步方式测试接线如图 5-14 所示，采用内同步方式测试接线如图 5-15 所示。

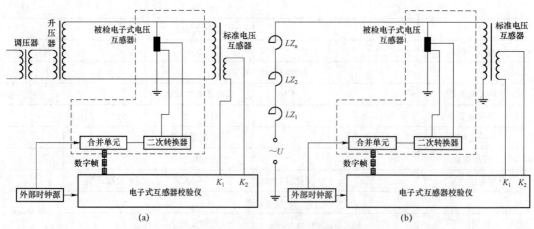

图 5-14　数字量输出电子式电压互感器检验接线图（外同步方式）

（a）试验变压器作为试验电源；（b）串联谐振升压装置作为试验电源

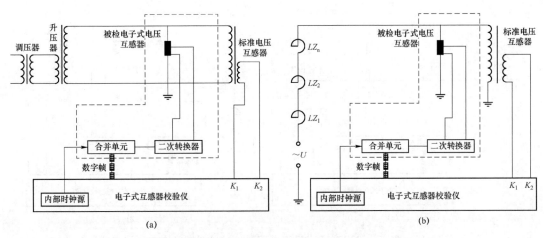

图 5-15　数字量输出电子式电压互感器检验接线图（内同步方式）

（a）试验变压器作为试验电源；（b）串联谐振升压装置作为试验电源

采用同步方式测试接线时按图 5-14 或图 5-15 方式连接试验线路，高压试验试验电源是试验变压器时按图 5-14（a）或图 5-15（a）连接，高压试验电源是串联谐振升压装置时按图 5-14（b）或图 5-15（b）连接。电子式电压互感器一次高压端子、标准电压互感器一次高压端子与试验电源高压端子对接；电子式电压互感器一次低压端子、标准电压互感器一次低压端子与试验电源低压端子对接，并接地。标准电压互感器输出信号连接到电子式互感器校验系统的标准转换器，被检电子式电压互感器的数字输出端连接到电子式互感器校验系统的数字采集单元，通过外部时钟源（一般为变电站同步信号）或者内部时钟源（校验仪时钟）实现合并单元与电子式互感器校验系统的同步采样。调节试验电源，使测量覆盖表 5-6 要求的每个测量点。

表 5-6　　　　　　　　　　电子式电压互感器的误差测试点

测试点				
80	100	105[a]	110[b]	115[c]

[a]　适用于 1000kV 电子式电压互感器。

[b]　适用于 330kV 和 500kV 电子式电压互感器。

[c]　适用于 220kV 及以下电子式电压互感器。

被检电子式电压互感器的比值误差按式（5-5）计算。

相位误差按式（5-7）计算。

被检电子式互感器的误差一般可通过电子式互感器校验仪直接读出，将测试结果记录于表 5-7 中。

数字量输出电子式电压互感器采用固定延迟方式测试接线如图 5-16 所示：采用固定延迟方式测试时按图 5-16 方式连接试验线路，高压试验电源是试验变压器时按图 5-16（a）连接，高压试验电源是串联谐振升压装置时按图 5-16（b）连接。

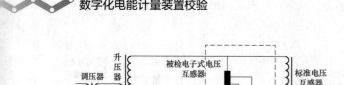

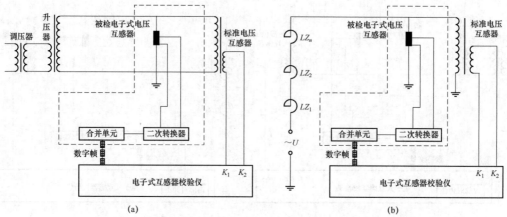

图 5-16 数字量输出电子式电流互感器检验接线图（固定延迟方式）

（a）试验变压器作为试验电源；（b）串联谐振升压装置作为试验电源

使用固定延迟方式时，通过电子式互感器校验仪测得相位差 φ，然后减去电子式电压互感器的额定相位偏移 φ_{or} 和额定延迟时间构成的相位移 $2\pi f t_{tdr}$，其对应的相位即为试品的相位误差 φ_e，计算式 $\varphi_e = \varphi - (\varphi_{or} - 2\pi f t_{dr})$，将测试结果记录于表 5-7 中。

电子式电压互感器仅需取电压上升时的误差作为测量误差。

表 5-7　　　　　　　　同步脉冲/插值校准数据（电子式电压互感器）

误差 测量次数	80		100		120	
	比值误差（%）	相位误差（'）	比值误差（%）	相位误差（'）	比值误差（%）	相位误差（'）
1						
2						
3						
…	…	…	…	…	…	…
8						
9						
10						
均值						
标准偏差						
本次校准的扩展不确定度为：						

建议复校周期为　　　年

3. 测量重复性试验

n 次误差测量值的算术平均值的实验标准偏差，应不大于被校电子式互感器准确度等级对应的误差限值的 1/10。其中单次误差测量值的标准偏差计算：

$$s(x_i) = \sqrt{\frac{\sum_{t=1}^{n}(x_i - \overline{x})^2}{n-1}} \qquad (n \geqslant 10) \qquad (5-31)$$

n 次误差测量值的算术平均值的实验标准偏差计算：

$$s(\overline{x}) = \frac{s(x_i)}{\sqrt{n}} = \sqrt{\frac{\sum\limits_{i=1}^{n}(x_i - \overline{x})^2}{n(n-1)}} \qquad (n \geqslant 10) \qquad (5-32)$$

4. 短时稳定

在被校电子式互感器测量范围内各外校准点进行连续不间断测试，测试时间为 10min，所得误差值最大值与最小值之差应不大于与其准确度等级对应误差限值的 1/2。

5. 直流偏置

电子式互感器输出信号的直流偏置应满足工程实际需求，要求输出直流偏置量不允许超过额定输出的 5%，特殊要求由制造方与用户商定参照 GB/T 20840.8—2007 附录 D.3 制定。

第四节 电子式互感器校验仪

电子式互感器校验仪用于对电子式电流、电压互感器的校验工作。DL/T 1394—2014《电子式电流、电压互感器校验仪技术条件》对电子式互感器校验仪的结构原理、命名方法、环境条件、技术要求、试验方法、检验规则和标志、包装、运输、贮存等进行了规范。电子式互感器校验仪的结构原理如图 5-17 所示。主要包括主要包含：网络信号输入单元、参考电流输入单元、参考电压输入单元、被测电压输入单元、信号处理单元、同步信号输入/输出单元及数字显示单元等。

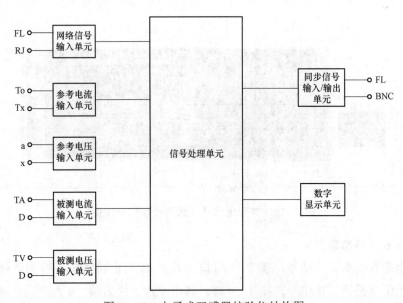

图 5-17 电子式互感器校验仪结构图

FL—光缆接口；RJ—网线接口；BNC—细缆接口；To、Tx—参考电流输入端子；TA—被测电流输入端子；

a、x—参考电压输入端子；TV—被测电压输入端子；D—电流与电压信号的模拟输入公共端

图 5-18 为某型电子式互感器校验仪，该电子式互感器校验仪主要解决电子式互感器的检测校验问题，它支持 DL/T 860（IEC 61850）、DL/T 860（IEC 61850）、DL/T 860（IEC 61850）协议，具备对电子式互感器角差、比差进行校验的功能，同时，还具备对合并单元的绝对时延进行测试的功能。并可对通信报文进行全面分析，可以进行各种通信故障测试以及精度校验。

图 5-18 电子式互感器检验仪

在硬件方面，本校验仪采用 Windows7 系统，10.1 英寸触摸屏，24 位高精度 AD 采样，多种窗函数补偿算法，科学的一体化结构无需配置额外的信号转换器和光电转换器，也无需额外人机交互模块，即可完成常规的电子式互感器检定。同时，该仪器自身可提供稳定的可调频率小信号输出，及符合 Q/GDW 691—2011《合并单元测试规范》的 FT3 输出，以方便工作人员在现场未加高压和大电流的情况下也可进行相关测试。

软件方面，该仪器可以自动识别协议发送的数据总通道数，并且提供直观的波形显示，包括可设置的交流显示、直流显示、交直流混合显示等功能。

一、电子式互感器校验仪接口

该电子式互感器校验仪接口布置于正面和背面，图 5-19 为正面视图，图 5-20 为背面视图。

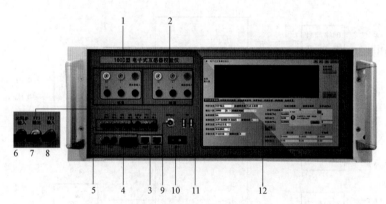

图 5-19 某型电子式互感器校验仪正面图

（1）标准互感器输入口。

标准电流互感器二次信号，接 K_1，K_2 口。其中 K_1 为正同名端，K_2 为负同名端。

标准电压互感器二次信号，接 a，x 口。其中 a 为正同名端，x 为负同名端。

模拟量输入可接入小信号量。

（2）被测互感器输入口。

被测电流互感器二次信号，接 S1，S2 口。其中 S1 为正同名端，S2 为负同名端。

被测电压互感器二次信号，接 a、x 口。其中 a 为正同名端，x 为负同名端。

模拟量输入可接入交流小信号量。

（3）RJ-45 网口×2。

（4）以太网光口×2，同步信号光口。

（5）同步信号输出接口：2 路 PPS 同步信号输出口；2 路 B 码同步信号输出口。

（6）同步信号输入接口。

（7）FT3 信号输出。

（8）FT3 信号输入。

（9）电同步口（配套电同步线，黄—PPS 电输出，绿—B 码电输出，红—接收电 PPS/B 码，黑—地）。

（10）电源开关。

（11）USB 接口×2，可外接键盘鼠标 U 盘等设备。

（12）电容式触摸屏。

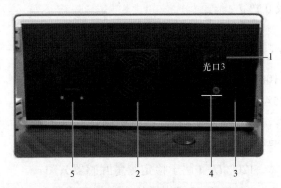

图 5-20 某型电子式互感器背面接口图

1—光口 3：接收合并单元输出的 IEC 61850-9-2 信号（非同步状态下使用）；2—风扇口；3—接地端；
4—模拟小信号输出；5—电源口

二、主要功能

（1）检定符合 DL/T 860（IEC 61850）/DL/T 860（IEC 61850）/DL/T 860（IEC 61850）规约的数字输出的电子式电压互感器和电子式电流互感器（保护和测量），包括合并单元的非误差信息。

（2）检定输出为不大于 7V 小信号模拟量的电子式互感器，额定电压为 100V 及 $100/\sqrt{3}$ V 的传统电压互感器，以及额定电流为 5A 及 1A 的传统电流互感器。

（3）检定 FT3 输出的电子式互感器，支持插值算法，测量其绝对延时。通过插值算法或互感器标定的额定延时，计算角差和比差，绝对延时误差小于 2μs。支持 IEC 60044 和国网标准的 FT3 格式报文输入。

（4）能够输出小信号电压量，可用于合并单元中，从小信号输入到 DL/T 860

（IEC 61850）输出之间的误差的检定。

（5）能够输出数字信号源（FT3 格式），无需升大电压大电流，即可对支持 FT3 输入的合并单元进行校验。

（6）测试合并单元绝对延时、对时误差及守时误差。

（7）测量合并单元帧输出的离散度和帧的完整性（丢帧、错序、重复等）。

（8）具备谐波精度检定能力，能够检测 2～22 次谐波的比差和角差。

（9）装置配有 USB 口，可外接键盘鼠标 U 盘等设备。

（10）适应长期持续运行，可永久实时记录比差和角差。

三、主要参数

（1）互感器检定精度（包括传统互感器及电子式互感器）：0.05 级（比差＜0.05%，角差＜2 分）。

（2）谐波测试精度：

比差：$0.1\%U_n$ 或 $0.1\%I_n$；

角差：$10'$。

（3）标准信号输入量程：

电压输入量程：100V，$100/\sqrt{3}$ V；

电流输入量程：5A，1A；

小信号输入量程：≤7V 交流小信号，≤7V 直流小信号。

（4）小模拟量信号输入：

1V 以上量程：1%～120%U_n（用于检定测量互感器）；

1V 以下量程：100%～2000%U_n（用于检定保护互感器）。

（5）AD 采样精度：在额定量程幅度测量不确定度优于 0.01%。

（6）小模拟量信号输出：

输出电压：0～7V；输出谐波：2～11。

（7）FT3 数字输出：符合 Q/GDW 691—2011 协议要求。

（8）设定精度：0.05%RD。

（9）同步方式：

同步输出（秒脉冲和 B 码可配置）4 个接收光秒脉冲；

接收电秒脉冲；

接收 B 码光信号；

接收 B 码电信号；

非同步方式。

（10）通信协议：DL/T 860（IEC 61850-9-1）/DL/T 860.92（IEC 61850-9-2）/DL/T 860（IEC 61850-9-2LE）/FT3。

（11）以太网接口：ST 光纤接口：1 个（多模光纤波长 310nm）；SC 光纤接口：2 个（多模光纤波长 1310nm）；RJ-45 接口：2 个。

（12）人机接口：

显示：10.1 英寸大屏幕液晶显示屏；

操作：触摸屏操作（同时具备键盘和鼠标）。

（13）供电电源电压：220V±10%，50Hz。

（14）外部空气温度：（−10～55℃）。

（15）最大相对湿度：＜85%。

四、主操作界面

该型检验仪主界面如图 5-21 所示，分为三个区域：

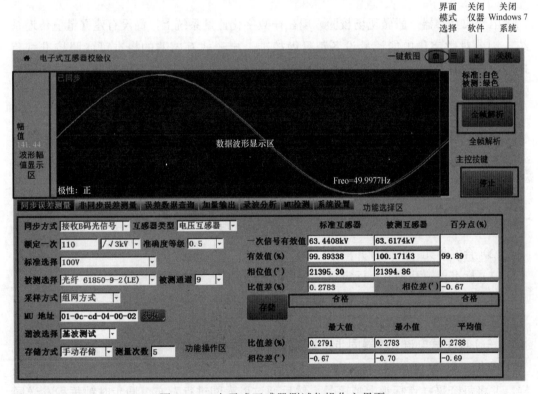

图 5-21　电子式互感器测试仪操作主界面

1. 波形幅值和波形显示区

该区域实时显示被测数据的波形幅值和波形。

2. 功能选择区

该区域有多个选项卡供选择，包括了同步误差测量、非同步误差测量、误差数据查询、加量输出、录波分析、MU 检测和系统设置。在检测过程中各参数的设定。

3. 功能操作区

用于检验仪功能选择。

开始：点击此按钮，开始测量。

截屏：点击此按钮，会截取当前页面图案，可以文件输出。

模式选择：室内模式和室外模型两种。

全帧解析：当被测选择为光纤 61850-9-1/2 时才会出现"全帧解析"，可以观察各个通道的波形。

设备接线图：可以查看常用的电子式互感器检定（同步）、电子式互感器检定（非同步）、小信号互感器检定、小信号输入的合并单元检定的接线图。

第五节　电子式互感器数字量误差校准实例

电子式互感器一般做现场校验，现在在数字化计量系统上，尚没有建立量值传递系统，因此对数字化电能计量设备都只做校准。电子式互感器的校准可参照校准规范 JJF 1617—2017《电子式互感器校准规范》，该规范只针对电子式互感器合并单元数字量输出的校准。以下内容是参照该规范进行电子式互感器现场校准的实例。

一、电子式电流互感器误差校准

某待校电子式电流互感器，准确度等级为 0.5 级，额定一次电流 300A，额定二次电流 1A。

校准设备如下：

（1）电源输入：220V AC 输出：0～300V AC；功率：5kV。

（2）合并单元：间隔合并单元，DC220V/1A，标定精度 0.2。

（3）标准电流互感器：标定精度 0.05S。

（4）升流器：输入 220V AC，输出电流 0～1000A。

（5）校验仪：精度 0.05 级。

（一）电子式电流互感器同步误差测试

同步方式下，互感器校验仪和合并单元以固定采样率（例如 4K）等间隔的进行采样，并将每个采样点标识上帧序号，然后通过以太网进行发布。同步时钟每秒发送同步信号，校验仪和合并单元根据同步信号同步采样。在每秒的同步开始时，帧序号翻转为 0；即合并单元（MU）每秒开始时发送一组采样自互感器的新的采样值数据。校验仪在每秒开始对标准量进行采样；同时，仪器接收到电子式互感器通过网络发送过来的采样值，并将其按帧序号对应时间进行还原。即从序号 0 开始每 80 点为一个周波。校验仪根据自己测量的模拟量与接收到的数字量采样值进行同步比对，计算出比值差和相位差。

根据同步时钟源可以分为外部时钟同步（一般为变电站同步时钟）和内部时钟（校验仪时钟）同步两种，按规范应优先采用外部时钟。

　　1. 接线

　　同步方式分为外同步和内同步两种，外同步是通过外部时钟信号作为合并单元和电子式互感器测试仪的同步信号，电子式电流互感器外同步方式校准的接线图如图 5−22 所示。内同步是指同步时钟采用电子式互感器测试仪内部时钟作为合并单元和电子式互感器测试仪的同步信号，电子式电流互感器内同步方式校准的接线图如图 5−23 所示。

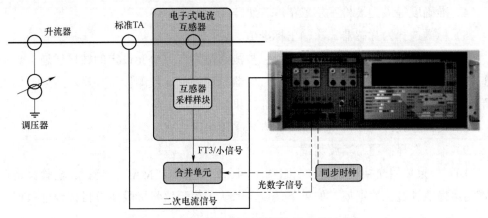

图 5−22　电子式互感器校准接线（外同步）

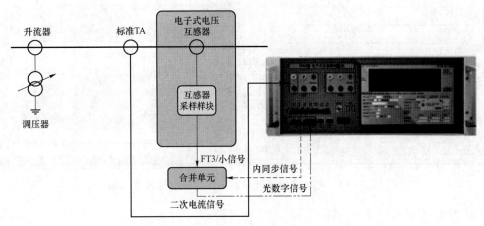

图 5−23　电子式互感器校准接线（内同步）

　　（1）经调压器和升流器形成一次电流。

　　（2）标准电流互感器输出的二次电流连接到校验仪的标准电流口（K_1，K_2）。

　　（3）电子式互感器输出 FT3 信号接入合并单元，经合并单元数据输出连接到校验仪的光口 1、光口 2 或电口。

（4）当采用外同步时钟源时，外同步信号分别接入合并单元和校验仪光同步输入口，实现被检电流互感器数据和标准互感器数据同步。当采用内同步时钟源时，校验仪自身时钟向外输出接入合并单元，同步信号可采用 PPS 或 B 码方式。

2. 参数设置

进入系统操作界面，功能选择"同步误差测量"界面，如图 5-24 所示。进行参数设置：

（1）同步方式：外同步——接收电秒脉冲；内同步——同步输出。

（2）互感器类型选择为电流互感器。

（3）额定一次为被测电流互感器额定一次电流。

（4）准确度等级为被检互感器精度等级。

（5）标准选择为互感器二次输出标准值。

（6）被测选择为合并单元输出类型，被测通道为合并单元设定的数据通道。

（7）存储方式：如果选择自动存储，仪器自动进行 5 次测量，并显示结果；如果选择手动存储，需点击"存储"按键来保存结果。

（8）采样方式：同步误差测试采样方式采用组网方式。

（9）谐波选择：通常基波测试。

（10）如果使用交换机且有多个组播子网，则可点击"MAC 过滤"，校验仪将根据设置的组播地址过滤数据帧，如果不设置，默认下校验仪将接收所有目标地址数据。

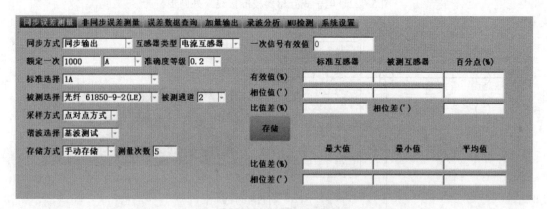

图 5-24　电子式电流互感器同步测试参数设置界面

3. 开始检测

参数设定后，点击开始按钮，开始误差测量。

根据表 5-1 电子式电流互感器误差限值要求，通过调压器调节一次电流，分别存贮下在额定电流的 5%、20%、100% 和 120% 测试点测出的比值差和相位差，通过误差数据查询可查看各测度点的误差值，结果如图 5-25 所示。

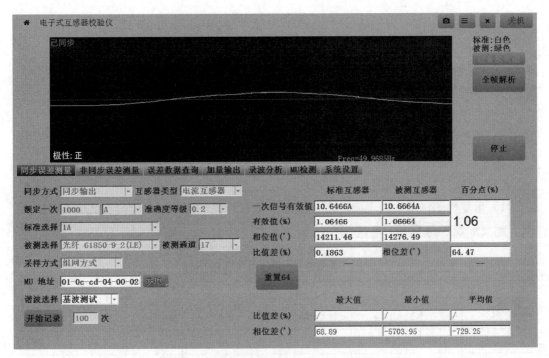

图 5-25 电子式电流互感器同步测试界面

各测试点测试 10 次的原始数据如表 5-8 所示

表 5-8 电子式电流互感器同步误差校准测试数据

测量次数 \ 误差	5		20		100		120	
	比值差（%）	相位差（'）	比值差（%）	相位差（'）	比值差（%）	相位差（'）	比值差（%）	相位差（'）
1	0.097 6	21.31	0.045 9	11.29	−0.003	2.77	−0.001 1	1.75
2	0.087 5	21.94	0.051	11.53	−0.014 2	3.32	−0.012 1	2.39
3	0.085 9	20.39	0.058 5	11.11	0.011 9	2.8	0.012 4	1.55
4	0.102 5	20.77	0.049 2	11.76	0.012 4	2.58	0.010 8	2.12
5	0.103 7	20.81	0.058 9	12.03	0.008 9	2.57	0.011 3	1.85
6	0.100 6	21.3	0.048 3	10.89	0.001 2	2.58	0.002 9	2.02
7	0.085 9	22.42	0.049 8	11.5	−0.016 2	2.87	−0.009 9	1.95
8	0.087 9	20.36	0.053 8	11.47	0.008 9	2.58	0.012 1	1.47
9	0.106 2	20.9	0.050 2	11.93	0.013 3	2.73	0.009 3	1.97
10	0.105	21.02	0.060 4	12.13	0.011 6	2.61	0.016 2	1.54

4. 比值差和相位差的不确定度评定

（1）在此测量系统中，被校电子式互感器的校准过程，测量不确定度的来源主要有以下 5 项：

1）在规定的环境条件下，被校电流互感器测量重复性引入的不确定度分量 u_1；u_1

主要是由软件设计和有限字长效应引入的误差，为 A 类评定。u_1 按式（5-31）计算。

2）在规定的环境条件和正常的工作状态下，标准器引入的不确定度分量 u_2；此不确定度分量为 B 类评定。

3）误差测量装置引入的不确定度分量 u_3，B 类评定。

4）工作电磁场引入的不确定度分量 u_4，B 类评定。

5）外界电磁场引入的不确定度分量 u_5，B 类评定。

各分量灵敏系数为 1。

（2）对本次校准结果的不确定度评定：

1）重复性测试引入的不确定度分量 u_1。测试误差均值的不确定度按式（5-31）计算，结果如表 5-9 所示。

表 5-9　　　　　　　　　　　各测试点不确定度分量 u_1

误差 / 测量次数	5		20		100		120	
	比值差(%)	相位差（'）	比值差(%)	相位差（'）	比值差(%)	相位差（'）	比值差(%)	相位差（'）
1	0.097 6	21.31	0.045 9	11.29	−0.003 0	2.77	−0.001 1	1.75
2	0.087 5	21.94	0.051	11.53	−0.014 2	3.32	−0.012 1	2.39
3	0.085 9	20.39	0.058 5	11.11	0.011 9	2.8	0.012 4	1.55
4	0.102 5	20.77	0.049 2	11.76	0.012 4	2.58	0.010 8	2.12
5	0.103 7	20.81	0.058 9	12.03	0.008 9	2.57	0.011 3	1.85
6	0.100 6	21.3	0.048 3	10.89	0.001 2	2.58	0.002 9	2.02
7	0.085 9	22.42	0.049 8	11.5	−0.016 2	2.87	−0.009 9	1.95
8	0.087 9	20.36	0.053 8	11.47	0.008 9	2.58	0.012 1	1.47
9	0.106 2	20.9	0.050 2	11.93	0.013 3	2.73	0.009 3	1.97
10	0.105	21.02	0.060 4	12.13	0.011 6	2.61	0.016 2	1.54
平均值	0.096 2	21.12	0.052 6	11.56	0.003 4	2.74	0.005 1	1.86
标准差（u_1）	0.002 7	0.21	0.001 6	0.13	0.004	0.08	0.003 1	0.10

2）不确定度分量 u_2。标准电流互感器准确度等级 0.05 级，所以比值误差最大允许示值误差为 ±0.05%，根据误差标准可确定 0.05 级标准互感器的相位误差最大允许示值误差，见表 5-10。在区间内服从均匀分布，包含因子 $k = \sqrt{3}$。

表 5-10　　　　　　　　　　0.05 级标准电流互感器的误差限

准确度等级	在下列额定电流（%）下的比值误差（±%）					在下列额定电流（%）下的相位误差（±'）				
	1	5	20	100	120	1	5	20	100	120
0.05	—	0.10	0.05	0.05	0.05	4	2	2	2	

比差不确定度分量 $u_{2f} = \varepsilon_{bz} / \sqrt{3}$。

相位差不确定度分量 $u_{2\delta} = \varepsilon_{\delta bz} / \sqrt{3}$。

不确定度分量 u_3 可靠性为 90%，故自由度 $v_2 = 50$。

3）不确定度分量 u_3。互感器校验仪经上级计量部门校准，准确度等级为 0.05 级。

对于 0.5 级电流互感器，其附加比值误差最大允许示值误差在区间内服从均匀分布，包含因子 $k = \sqrt{3}$，比值差不确定度分量 $u_{3f} = \varepsilon_{jy} / \sqrt{3}$。

相位误差值最大允许示值误差在区间内服从均匀分布，包含因子 $k = \sqrt{3}$，折算到单位（′），为 $\varepsilon_{jy} \times 3438$，相位差不确定度分量 $u_{3\delta} = \varepsilon_{jy} \times 3438 / \sqrt{3}$。

不确定度分量 u_3 可靠性为 90%，故自由度 $v_2 = 50$。

4）不确定度分量 u_4。按照检定规程规定，用于校准工作的升流器、调压器等的电磁场等工作磁场引入的误差不大于互感器误差限值的 1/10，其不确定度属 B 类分量，呈均匀分布，则 $k = \sqrt{3}$。

比值误差不确定度分量 $u_{4f} = 0.1 \varepsilon_x \sqrt{3}$。

相位误差不确定度分量 $u_{4\delta} = 0.1 \varepsilon_{\delta x} \sqrt{3}$。

不确定度分量 u_4 可靠性为 75%，故自由度 $v_2 = 8$。

5）不确定度分量 u_5。按照检定规程规定，存在于工作场所周围与校准工作无关的外界磁场引入的误差不大于互感器误差限值的 1/20，其不确定度属 B 类分量，呈均匀分布，则 $k = \sqrt{3}$，比值误差不确定度分量 $u_{5f} = \dfrac{1}{20} \varepsilon_x \sqrt{3}$。

相位误差不确定度分量 $u_{5\delta} = \dfrac{1}{20} \varepsilon_{\delta x} \sqrt{3}$。

不确定度分量 u_5 可靠性为 75%，故自由度 $v_2 = 8$。

6）扩展不确定度。

标准合成不确定度：

比值误差和相位误差标准合成不确定度计算式：

$$u_c = \sqrt{\sum_{i=1}^{5} u_i^2} \tag{5-33}$$

扩展不确定度

$$u_f = k u_{cf}, \quad u_\delta = k u_{c\delta} \tag{5-34}$$

包含因子 $k = 2$ 时有

$$u_f = 2 u_{cf}, \quad u_\delta = 2 u_{c\delta} \tag{5-35}$$

各校准点扩展不确定度值见表 5-11。

表 5-11   各校准点扩展不确定度值（电子式电流互感器）

误差 不确定度	5		20		100		120	
	比值误差（%）	相位误差（'）	比值误差（%）	相位误差（'）	比值误差（%）	相位误差（'）	比值误差（%）	相位误差（'）
10 次测量均值	0.096 2	21.12	0.052 6	11.56	0.003 4	2.740	0.005 1	1.86
u_1（自由度 9）	0.002 7	0.21	0.001 6	0.130	0.004 0	0.080	0.003 1	0.10
u_2（可靠性 90%，自由度 50）	0.057 8	2.31	0.028 9	1.155	0.028 9	1.155	0.028 9	1.16
u_3（可靠性 90%，自由度 50）	0.057 8	1.99	0.028 9	0.993	0.028 9	0.993	0.028 9	0.10
u_4（可靠性 75%，自由度 8）	0.086 7	5.20	0.043 4	2.599	0.028 9	1.733	0.028 9	1.74
u_5（可靠性 75%，自由度 8）	0.002 6	0.16	0.001 3	0.076	0.000 9	0.051	0.000 9	0.06
扩展不确定度	0.238 2	12.06	0.119 2	6.04	0.100 4	4.620	0.100 4	4.62

注　电子式电流互感器仅需取电流上升时的误差作为测量误差。

（二）电子式电流互感器非同步误差测试

在非同步方式下时，电子式互感器（通过 MU）在自身时钟控制下根据采样率（例如 4K）等间隔的进行采样（点对点发送，抖动不应超过 10μs），并将每个采样点标识上帧序号。此时由于没有同步时钟，MU 输出的电子式互感器采样值与标准互感器的值不是处于同一时刻，需要通过两者之间的时间差用插值法计算，使两者能反映同一时刻一次电流（电压）。

非同步误差测试首先要通过校验仪测出合并单元的绝对时延，互感器的比差需要根据绝对时延同过插值法实现数据软同步，再计算出互感器的比值差。互感器角差需使用互感器绝对时延来校正收到采样数据的时间信息，然后再计算与标准信号之间的角差。

实际测试过程中，电子式互感器测试仪显示的误差值是经过对绝对时延插值后的误差，因此从测试仪上读出的数值即是非同步误差值。

1. 接线

非同步误差测试接线如图 5-26 所示。

（1）经调压器和升流器形成一次电流。

（2）标准电流互感器输出的二次电流连接到校验仪的标准电流口（K_1，K_2）。

（3）电子式互感器输出 FT3 信号接入合并单元，经合并单元输出的二次电流信号连接到校验仪的光口 3。

（4）非同步，故不连接同步信号。

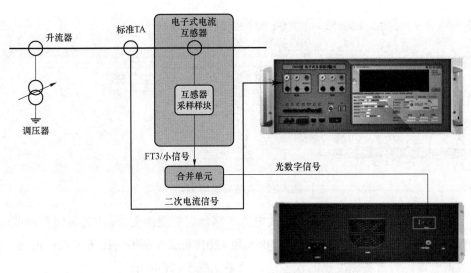

图 5-26　电子式电流互感器非同步误差测试接线

2. 参数设置

进入系统操作界面，功能选择"非同步误差测量"界面。将互感器类型设置为电流互感器，其他参数根据实际情况设置。如果使用交换机且有多个组播子网，则可点击"MAC 过滤"，校验仪将根据设置的组播地址过滤数据帧，如果不设置，默认下校验仪将接收所有目标地址数据。

（1）互感器类型选择为电流互感器。

（2）额定延时为电子式电流互感器标定的延时，是从 DL/T 860（IEC 61850）的报文中解析出来的。

（3）额定一次为被测电流互感器额定一次电流。

（4）准确度等级为被检互感器精度等级。

（5）标准选择为互感器二次输出标准值。

（6）被测选择为合并单元输出类型，被测通道为合并单元设定的数据通道。

（7）存储方式：如果选择自动存储，仪器自动进行 5 次测量，并显示结果；如果选择手动存储，需点击"存储"按键来保存结果。

（8）采样方式：非同步误差测试采样方式采用点对点方式。

3. 开始检测

参数设定后，点开始按钮，开始误差测量。

（1）绝对延时测定。绝对延时为校验仪实际测试出来的延时，绝对延时需要通过 MU 检测测出绝对延时。与额定延时的差即为电子式电压互感器的延时误差。

在功能选择项上选定 MU 检测，进入 MU 输出时间特性检查。可以测定合并单元的绝对延时、合并单元输出数据延时抖动和授时绝对误差。非同步误差没有同步时钟，所以延时抖动和对时误差不需测定，需要测定绝对延时，如图 5-27 所示。

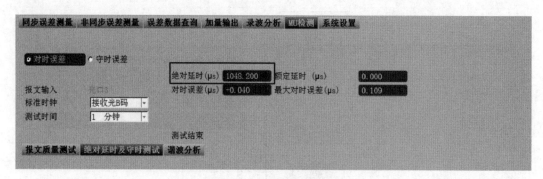

图 5-27　绝对延时测定

（2）误差测试。根据表 5-1 电子式电流互感器误差限值要求，通过调压器调节电流，分别存贮下在额定电流的 5%、20%、100% 和 120% 测试点测出的比值差和相位差，通过误差数据查询可查看各测度点的误差值，结果如图 5-28 所示。

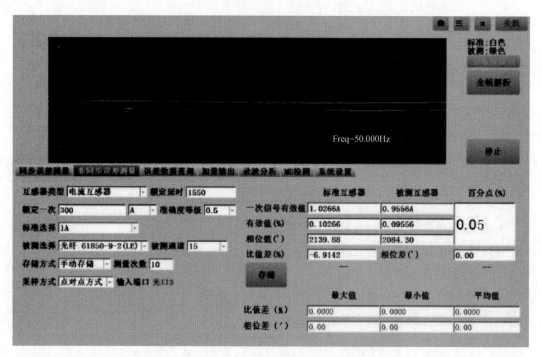

图 5-28　电子式电流互感器非同步误差测试

4. 比值差和相位差的不确定度评定

在此测量系统中，被校电子式互感器的校准过程，测量不确定度的来源主要有 5 项：

（1）重复性测试引入的不确定度分量 u_1。测试误差均值的不确定度按式（5-31）计算，结果如表 5-12 所示。

表 5-12 非同步误差校准测试数据（电子式电流互感器）

测量次数	5		20		100		120	
误差	比值差（%）	相位差（'）	比值差（%）	相位差（'）	比值差（%）	相位差（'）	比值差（%）	相位差（'）
1	0.114 2	21.15	0.067 2	11.28	−0.021 7	2.68	−0.015 8	1.85
2	0.107 5	21.94	0.033 7	11.27	−0.005 2	3.06	−0.007 4	2.37
3	0.095 9	20.28	0.066 8	11.21	0.028 5	2.93	0.022 8	1.62
4	0.107 5	20.83	0.059 3	11.59	0.034 1	2.73	−0.009 6	2.05
5	0.093 7	21.02	0.066 4	11.85	0.016 5	2.42	−0.005 2	1.69
6	0.114 9	21.18	0.070 1	11.07	0.002 2	2.79	−0.024 4	1.93
7	0.102 7	22.39	0.056 5	11.68	−0.009 9	2.81	0.008 0	1.93
8	0.087 6	20.15	0.060 4	11.40	0.009 1	2.74	0.001 2	1.50
9	0.109 1	21.04	0.047 2	12.00	0.017 3	2.89	0.001 2	1.90
10	0.108 2	21.00	0.083 5	12.04	0.006 4	2.38	0.010 7	1.43
平均值	0.104 1	21.09	0.061 1	11.53	0.007 7	2.74	−0.001 9	1.82
$S(\bar{x})$（u_1）	0.002 9	0.22	0.004 3	0.11	0.005 5	0.07	0.003 1	0.10

（2）不确定度分量 u_2。标准电流互感器准确度等级 0.05 级，所以比值误差最大允许示值误差为±0.05%，根据误差标准可确定 0.05 级标准互感器的相位误差最大允许示值误差，见表 5-10。在区间内服从均匀分布，包含因子 $k = \sqrt{3}$。

0.05 级标准电流互感器的误差限见表 5-10。

比差不确定度分量 $u_{2f} = \varepsilon_{bz} / \sqrt{3}$。

相位差不确定度分量 $u_{2\delta} = \varepsilon_{\delta bz} / \sqrt{3}$

不确定度分量 u_3 可靠性为 90%，故自由度 $v_2 = 50$。

（3）不确定度分量 u_3。互感器校验仪经上级计量部门校准，准确度等级为 0.05 级。

对于 0.5 级电流互感器，其附加比值误差最大允许示值误差在区间内服从均匀分布，包含因子 $k = \sqrt{3}$，比值差不确定度分量 $u_{3f} = \varepsilon_{jy} / \sqrt{3}$。

相位误差值最大允许示值误差在区间内服从均匀分布，包含因子 $k = \sqrt{3}$，折算到单位（'），为 $\varepsilon_{jy} \times 3438$，相位差不确定度分量 $u_{3\delta} = \varepsilon_{jy} \times 3438 / \sqrt{3}$。

不确定度分量 u_3 可靠性为 90%，故自由度 $v_2 = 50$。

（4）不确定度分量 u_4。按照检定规程规定，用于校准工作的升流器、调压器等的电磁场等工作磁场引入的误差不大于互感器误差限值的 1/10，其不确定度属 B 类分量，呈均匀分布，则 $k = \sqrt{3}$。

比值误差不确定度分量 $u_{4f} = 0.1\varepsilon_x\sqrt{3}$。

相位误差不确定度分量 $u_{4\delta} = 0.1\varepsilon_{\delta x}\sqrt{3}$。

不确定度分量 u_4 可靠性为 75%，故自由度 $v_2 = 8$。

（5）不确定度分量 u_5。按照检定规程规定，存在于工作场所周围与校准工作无关的外界磁场引入的误差不大于互感器误差限值的 1/20，其不确定度属 B 类分量，呈均匀分布，则 $k = \sqrt{3}$，比值误差不确定度分量 $u_{5f} = \dfrac{1}{20}\varepsilon_x\sqrt{3}$。

相位误差不确定度分量 $u_{5\delta} = \dfrac{1}{20}\varepsilon_{\delta x}\sqrt{3}$。

不确定度分量 u_5 可靠性为 75%，故自由度 $v_2 = 8$。

（6）扩展不确定度。

标准合成不确定度：比值误差和相位误差标准合成不确定度按式（5-32）计算。

扩展不确定度：扩展不确定度按式（5-33）计算。

其中包含因子 $k = 2$：

$$u_f = 2u_{cf}, \quad u_\delta = 2u_{c\delta}$$

各校准点的扩展不确定度见表 5-13。

表 5-13　　　　　　　　各校准点的扩展不确定度（电子式电流互感器）

误差　　　　不确定度	5		20		100		120	
	比值误差（%）	相位误差（′）	比值误差（%）	相位误差（′）	比值误差（%）	相位误差（′）	比值误差（%）	相位误差（′）
10 次测量均值	0.052 6	11.56	0.003 4	2.74	0.005 1	1.86	0.096 2	21.12
u_1（自由度 9）	0.001 6	0.13	0.004	0.08	0.003 1	0.10	0.002 7	0.21
u_2（可靠性 90%，自由度 50）	0.057 8	2.31	0.028 9	1.155	0.028 9	1.155	0.028 9	1.16
u_3（可靠性 90%，自由度 50）	0.057 8	1.99	0.028 9	0.993	0.028 9	0.993	0.028 9	0.10
u_4（可靠性 75%，自由度 8）	0.086 7	5.20	0.043 4	2.599	0.028 9	1.733	0.028 9	1.74
u_5（可靠性 75%，自由度 8）	0.002 6	0.16	0.001 3	0.076	0.000 9	0.051	0.000 9	0.06
扩展不确定度	0.239	12.07	0.120	6.03	0.101	4.62	0.101	4.21

注　电子式电流互感器仅需取电流上升时的误差作为测量误差。

二、电子式电压互感器误差校准

某待校电子式电压互感器，准确度等级为 0.2 级，额定一次电压 10 000V，额定二次电流 100V。

校准设备：

电源输入：220V AC 输出：0～300V AC；功率：5kV。

合并单元：间隔合并单元，DC220V/1A，标定精度 0.2。

标准电压互感器：标定准确度等级 0.02 级（比被校互感器高三个等级）。

调压箱器：输入电压 220V AC；输出电压 0～35 000V。

校验仪：准确度等级 0.05 级（误差不大于被校互感器误差的 1/4）。

（一）电子式电压互感器同步误差测试

1. 接线

同步方式分为外同步和内同步两种，一般应选择外同步，在条件不允许的情况下采用内同步。外同步是采用外部时钟源，向校验仪和合并单元发送同步信号。内同步是通过校验仪产生的时钟信号来实现合并单元和校验仪数据采集的同步，如图 5-29 所示。

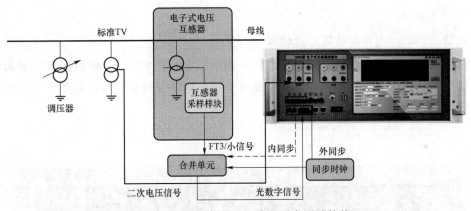

图 5-29　电子式电压互感器同步测试接线

2. 参数设置

进入系统操作界面，功能选择"同步误差测量"界面，如图 5-30 所示。进行参数设置：

（1）同步方式：外同步——接收光秒脉冲；内同步——同步输出。

（2）互感器类型选择为电压互感器。

（3）额定一次为被测电压互感器额定一次电压。

（4）准确度等级为被检互感器精度等级。

（5）标准选择为互感器二次输出标准值。

（6）被测选择为合并单元输出类型，被测通道为合并单元设定的数据通道。

（7）存储方式：如果选择自动存储，仪器自动进行 5 次测量，并显示结果；如果选择手动存储，需点击"存储"按键来保存结果。

（8）采样方式：同步测试采用组网方式。

（9）谐波选择：通常基波测试。

（10）如果使用交换机且有多个组播子网，则可点击"MAC 过滤"，校验仪将根据设置的组播地址过滤数据帧，如果不设置，默认校验仪将接收所有目标地址数据。

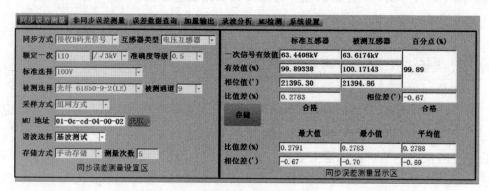

图 5-30　电子式电压互感器同步误差测试参数设置

3. 开始检测

参数设定后，点开始按钮，开始误差测量。

通过调压器调节一次电流，分别存贮下在额定电压的 80%、100% 和 120% 测试点测出的比值差和相位差，通过误差数据查询可查看各测度点的误差值，如图 5-31 所示，测量数据记录于表 5-14。

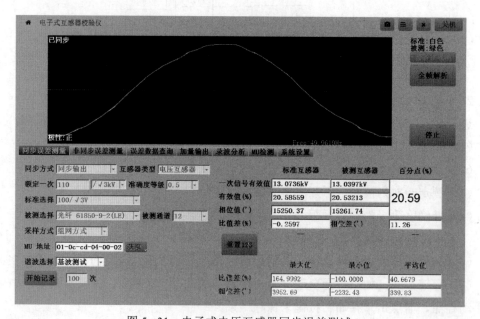

图 5-31　电子式电压互感器同步误差测试

表 5-14 同步校准误差测试数据（电子式电压互感器）

测量次数	误差	80		100		120	
		比值误差（%）	相位误差（′）	比值误差（%）	相位误差（′）	比值误差（%）	相位误差（′）
1		0.153 7	0.27	0.144 5	−0.38	0.139 5	−0.89
2		0.149 9	0.45	0.142 8	−0.68	0.136 7	−0.77
3		0.146 7	0.45	0.144 5	0.08	0.139 9	−0.40
4		0.149 3	0.39	0.142 2	−0.31	0.137 5	−0.56
5		0.151 2	0.42	0.142 8	−0.44	0.138 0	−0.73
6		0.156 2	0.27	0.149 1	−0.35	0.142 0	−0.93
7		0.153 1	0.43	0.143 8	−0.70	0.141 0	−0.81
8		0.143 9	0.44	0.146 9	0.08	0.138 9	−0.45
9		0.150 3	0.41	0.139 1	−0.28	0.141 4	−0.61
10		0.152 2	0.40	0.145 7	−0.43	0.140 6	−0.77

4. 比值差和相位误差的不确定度评定

被测电压互感器准确级为 0.2 级，通过对校准过程分析，可得本次校准的标准误差和扩展不确定度。

（1）重复测试引入的不确定度分量 u_1。按式（5-31）根据 10 次重复测试误差数据，可计算出各测试点不确定度分量 u_1，如表 5-16 所示。

（2）不确定度分量 u_2。标准电压互感器准确度等级 0.02 级，所以比值误差最大允许示值误差为 ±0.02%，根据误差标准可确定 0.02 级标准互感器的相位误差最大允许示值误差，见表 5-15。在区间内服从均匀分布，包含因子 $k = \sqrt{3}$。

表 5-15 0.05 级标准电压互感器的误差限

准确度等级	在下列额定电压（%）时下的比值误差（±%）					在下列额定电压（%）下的相位误差（±′）				
	20	50	80	100	120	20	50	80	100	120
0.02	0.04	0.03	0.02	0.02	0.025	1.2	0.9	0.6	0.6	0.6

比差不确定度分量 $u_{2f} = \varepsilon_{bz} / \sqrt{3}$。

相位差不确定度分量 $u_{2\delta} = \varepsilon_{\delta bz} / \sqrt{3}$。

不确定度分量 u_2 可靠性为 90%，故自由度 $v_2 = 50$。

（3）不确定度分量 u_3。互感器校验仪经上级计量部门校准，准确度等级为 0.05 级。

对于 0.2 级电压互感器，其附加比值误差最大允许示值误差在区间内服从均匀分布，包含因子 $k = \sqrt{3}$，比值差不确定度分量 $u_{3f} = \varepsilon_{jy} / \sqrt{3}$。

相位误差值最大允许示值误差在区间内服从均匀分布，包含因子 $k = \sqrt{3}$，折算到单位（′），为 $\varepsilon_{jy} \times 3438$，相位差不确定度分量 $u_{3\delta} = \varepsilon_{jy} \times 3438 / \sqrt{3}$。

不确定度分量 u_3 可靠性为 90%，故自由度 $v_2 = 50$。

（4）不确定度分量 u_4。按照检定规程规定，用于校准工作的升流器、调压器等的电磁场等工作磁场引入的误差不大于互感器误差限值的 1/10，其不确定度属 B 类分量，呈均匀分布，则 $k = \sqrt{3}$。

比值误差不确定度分量 $u_{4f} = 0.1\varepsilon_x\sqrt{3}$。

相位误差不确定度分量 $u_{4\delta} = 0.1\varepsilon_{\delta x}\sqrt{3}$。

不确定度分量 u_4 可靠性为 75%，故自由度 $v_2 = 8$。

（5）不确定度分量 u_5。按照检定规程规定，存在于工作场所周围与校准工作无关的外界磁场引入的误差不大于互感器误差限值的 1/20，其不确定度属 B 类分量，呈均匀分布，则 $k = \sqrt{3}$，比值误差不确定度分量 $u_{5f} = \dfrac{1}{20}\varepsilon_x\sqrt{3}$。

相位误差不确定度分量 $u_{5\delta} = \dfrac{1}{20}\varepsilon_{\delta x}\sqrt{3}$。

不确定度分量 u_5 可靠性为 75%，故自由度 $v_2 = 8$。

（6）扩展不确定度。标准合成不确定度可用式（5-32）计算。

包含因子 $k=2$，扩展不确定度可用式（5-33）计算。

各校准点的扩展不确定度见表 5-16。

表 5-16　　　　各校准点的扩展不确定度（电子式电压互感器）

不确定度＼误差	80		100		120	
	比值误差（%）	相位误差（′）	比值误差（%）	相位误差（′）	比值误差（%）	相位误差（′）
均值	0.150 6	0.390 0	0.144 1	−0.35	0.139 50	−0.700
标准偏差（u_1）	0.001 2	0.022 0	0.000 9	0.084	0.000 56	0.057
u_2（可靠性 90%，自由度 50）	0.011 6	0.347 0	0.011 6	0.347	0.011 55	0.347
u_3（可靠性 90%，自由度 50）	0.028 9	0.993 0	0.028 9	0.993	0.028 87	0.993
u_4（可靠性 75%，自由度 8）	0.011 6	0.578 0	0.011 6	0.578	0.011 55	0.578
u_5（可靠性 75%，自由度 8）	0.000 4	0.016 7	0.000 4	0.017	0.000 34	0.017
扩展不确定度	0.066 4	2.410 0	0.066 4	2.410	0.066 40	2.410

注　电子式电流互感器仅需取电流上升时的误差作为测量误差。

（二）电子式电压互感器非同步误差测试

在非同步方式下时，电子式电压互感器（通过 MU）在自身时钟控制下根据采样率

（例如 4K）等间隔的进行采样（点对点发送，抖动不应超过10μs），并将每个采样点标识上帧序号。

此时由于没有同步时钟，MU 输出的电子式互感器采样值与标准互感器的值不是处于同一时刻，需要通过两者之间的时间差用插值法计算，获得同一时刻被测互感器和标准互感器的电压，从而能进行比较，故此方法又称为插值法测试。

非同步误差测试中，被测互感器通过 MU 输出值与实际一次值相位上因时间迟延产生相位差，此相位差是因额定相位偏移（电子式互感器因选用的技术产生的额定相位差）和额定延时时间（数据处理和传输所需时间的额定值）。因此首先要通过校验仪测出合并单元的绝对时延，互感器的比差需要根据绝对时延同过插值法实现数据软同步，再计算出互感器的比值差。互感器角差需使用互感器绝对时延来校正收到采样数据的时间信息，然后再计算与标准信号之间的角差。

1. 接线

电子式电压互感器非同步误差测试接线如图 5-32 所示。

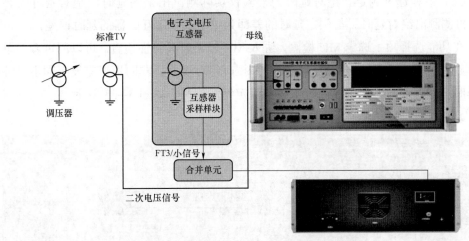

图 5-32　电子式电压互感器非同步误差测试接线

（1）经调压器形成一次电压。

（2）标准电压互感器输出的二次电压连接到校验仪的标准电压口（K_1，K_2）。

（3）被测电子式电压互感器输出 FT3 信号接入合并单元，经合并单元输出的二次电流信号连接到校验仪的光口 3。

（4）非同步，故不连接同步信号。

2. 参数设置

进入系统操作界面，功能选择"非同步误差测量"界面。将互感器类型设置为电压互感器，其他参数根据实际情况设置。如果使用交换机且有多个组播子网，则可点击

"MAC 过滤"，校验仪将根据设置的组播地址过滤数据帧，如果不设置，默认下校验仪将接收所有目标地址数据。

（1）互感器类型选择为电压互感器。

（2）额定延时为电子式电压互感器标定的延时，由校验仪从 DL/T 860（IEC 61850）的报文中解析出来的。

（3）额定一次为被测电压互感器额定一次电压。

（4）准确度等级为被检电压互感器精度等级。

（5）标准选择为互感器二次输出标准值。

（6）被测选择为合并单元输出类型，被测通道为合并单元设定的数据通道。

（7）存储方式：如果选择自动存储，仪器自动进行 5 次测量，并显示结果；如果选择手动存储，需点击"存储"按键来保存结果。

（8）采样方式：非同步误差测试采样方式采用点对点方式。

3. 开始检测

参数设定后，点开始按钮，开始误差测量。

（1）绝对延时测定。绝对延时为校验仪实际测试出来的延时，绝对延时需要通过 MU 检测测出绝对延时。与额定延时的差即为电子式电压互感器的延时误差。

在功能选择项上选定 MU 检测，进入 MU 输出时间特性检查。可以测定合并单元的绝对延时、合并单元输出数据延时抖动和授时绝对误差。非同步误差没有同步时钟，所以延时抖动和对时误差不需测定，需要测定绝对延时，如图 5-33 所示。

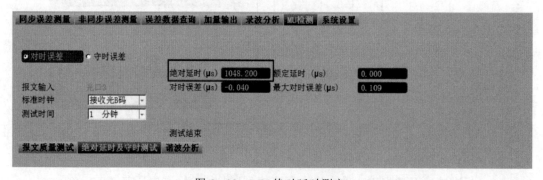

图 5-33　MU 绝对延时测定

（2）误差测试。根据电子式电压互感器误差限值要求，通过调压器调节电压，分别存贮在额定一次电压的 80%、100% 和 120% 测试点测出的比值差和相位差，如图 5-34 所示。通过误差数据查询可查看各测度点的误差值，测试数据见表 5-17。

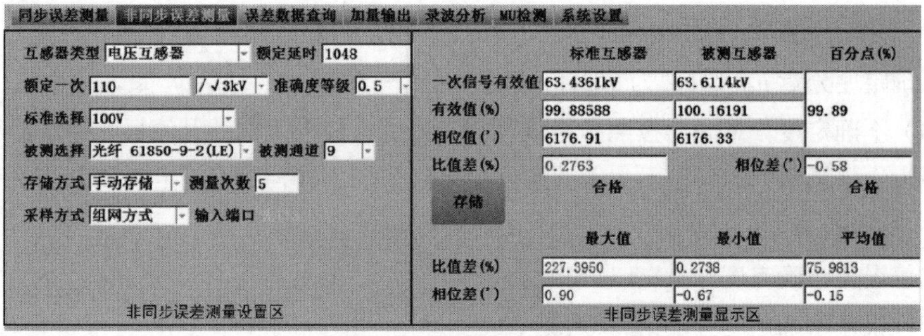

图 5-34　电子式电压互感器误差测试

表 5-17　　　　　　　　同步脉冲/插值校准数据（电子式电压互感器）

误差 测量次数	80		100		120	
	比值误差（%）	相位误差（′）	比值误差（%）	相位误差（′）	比值误差（%）	相位误差（′）
1	0.148 4	0.13	0.143 6	−0.34	0.138 5	−0.90
2	0.146 6	0.61	0.139 9	−0.80	0.134 2	−1.02
3	0.144 5	0.66	0.141 7	−0.09	0.140 6	−0.37
4	0.146 2	0.46	0.137 8	−0.55	0.138 6	−0.42
5	0.151 4	0.59	0.141 6	−0.24	0.138 0	−0.75
6	0.154 1	0.14	0.146 4	−0.51	0.137 1	−1.04
7	0.153 9	0.61	0.144 0	−0.46	0.138 5	−0.83
8	0.142 8	0.56	0.145 0	0.11	0.138 9	−0.45
9	0.149 4	0.44	0.136 6	−0.15	0.140 4	−0.79
10	0.151 7	0.40	0.142 9	−0.41	0.139 7	−0.65
均值	0.148 9	0.46	0.141 9	−0.35	0.138 4	−0.73

4. 比值差和相位误差的不确定度评定

被测电压互感器准确级为 0.2 级，通过对校准过程分析，可得本次校准的标准误差和扩展不确定度。

（1）重复测试引入的不确定度分量 u_1。按式（5-31）根据 10 次重复测试误差数据，可计算出各测试点不确定度分量 u_1，如表 5-16 所示。

（2）不确定度分量 u_2。标准电压互感器准确度等级 0.02 级，所以比值误差最大允许示值误差为 ±0.02%，根据误差标准可确定 0.02 级标准互感器的相位误差最大允许示值误差，见表 5-15。在区间内服从均匀分布，包含因子 $k=\sqrt{3}$。

比差不确定度分量 $u_{2f}=\varepsilon_{bz}/\sqrt{3}$。

相位差不确定度分量 $u_{2\delta}=\varepsilon_{\delta bz}/\sqrt{3}$。

不确定度分量 u_2 可靠性为 90%，故自由度 $v_2=50$。

（3）不确定度分量 u_3。互感器校验仪经上级计量部门校准，准确度等级为 0.05 级。

对于 0.2 级电压互感器，其附加比值误差最大允许示值误差在区间内服从均匀分布，包含因子 $k=\sqrt{3}$，比值差不确定度分量 $u_{3f}=\varepsilon_{jy}/\sqrt{3}$。

相位误差值最大允许示值误差在区间内服从均匀分布，包含因子 $k=\sqrt{3}$，折算到单位（′），为 $\varepsilon_{jy} \times 3438$，相位差不确定度分量 $u_{3\delta} = \varepsilon_{jy} \times 3438 / \sqrt{3}$。

不确定度分量 u_3 可靠性为 90%，故自由度 $v_2 = 50$。

（4）不确定度分量 u_4。按照检定规程规定，用于校准工作的升流器、调压器等的电磁场等工作磁场引入的误差不大于互感器误差限值的 1/10，其不确定度属 B 类分量，呈均匀分布，则 $k = \sqrt{3}$。

比值误差不确定度分量 $u_{4f} = 0.1\varepsilon_x \sqrt{3}$。

相位误差不确定度分量 $u_{4\delta} = 0.1\varepsilon_{\delta x} \sqrt{3}$。

不确定度分量 u_4 可靠性为 75%，故自由度 $v_2 = 8$。

（5）不确定度分量 u_5。按照检定规程规定，存在于工作场所周围与校准工作无关的外界磁场引入的误差不大于互感器误差限值的 1/20，其不确定度属 B 类分量，呈均匀分布，则 $k = \sqrt{3}$，比值误差不确定度分量 $u_{5f} = \dfrac{1}{20}\varepsilon_x \sqrt{3}$。

相位误差不确定度分量 $u_{5\delta} = \dfrac{1}{20}\varepsilon_{\delta x} \sqrt{3}$。

不确定度分量 u_5 可靠性为 75%，故自由度 $v_2 = 8$。

（6）扩展不确定度。标准合成不确定度可用式（5-33）计算。

包含因子 $k=2$，扩展不确定度可用式（5-34）计算。

各校准点的扩展不确定度见表 5-18。

表 5-18　　　　　　　　各校准点的扩展不确定度（电子式电压互感器）

误差 测量次数	80		100		120	
	比值误差（%）	相位误差（′）	比值误差（%）	相位误差（′）	比值误差（%）	相位误差（′）
均值	0.148 90	0.460	0.141 90	−0.350	0.138 40	−0.730
标准偏差（u_1）	0.001 23	0.061	0.000 99	0.083	0.000 59	0.077
u_2（可靠性 90%，自由度 50）	0.011 55	0.347	0.011 55	0.347	0.011 55	0.347
u_3（可靠性 90%，自由度 50）	0.028 87	0.993	0.028 87	0.993	0.028 87	0.993
u_4（可靠性 75%，自由度 8）	0.011 55	0.578	0.011 55	0.578	0.011 55	0.578
u_5（可靠性 75%，自由度 8）	0.000 34	0.017	0.000 34	0.017	0.000 34	0.017
扩展不确定度	0.066 40	2.410	0.066 40	2.410	0.066 40	2.410

注　电子式电压互感器仅需取电压上升时的误差作为测量误差。

第六章

数字化电能表校验

随着数字化电能表的应用，我国对数字化电能计量系统量值溯源方法开展了相关探索和研究，提出了若干种不同的数字化电能表的校验方案。并已经制定了数字化电能表校准的行业规范 DL/T 1507—2016《数字化电能表校准规范》，本章内容是基于此规范来阐述。

第一节　数字化电能表测试内容及方法

数字化电能表的误差校验方法包括数字功率源及标准数字化电能表法、标准数字功率源法、模拟功率源及标准模拟电能表法。

一、数字化电能表基本特性

数字化电能表对电压、电流量化数字量进行计量的电能计量设备。

数字化电能表普遍使用于变电站，与电子式互感器、合并单元组成数字化电能计量系统。数字化电能表接收合并单元输出的符合 DL/T 860.92 帧格式的电流电压采样数据报文，经过协议解析、数据计算处理测量电能量，其结构如图 6-1 所示。

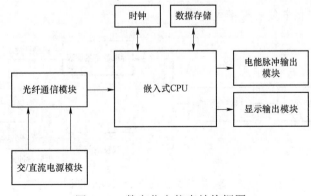

图 6-1　数字化电能表结构框图

数字化电能表配置要求：应能够使用配置工具配置 MAC 地址、APPID、SVID、各相电压/电流通道号、额定一次电压、额定一次电流、二次额定电压、二次额定电流、仪表脉冲常数等。

注：二次额定电压、二次额定电流只在电能表为二次值模式时生效。

（一）基本误差

电能表的基本误差用相对误差表示。在表 6-1 环境条件及允许误差条件下，负载电流大于 $0.01I_n$ 小于 I_{max} 时，有功和无功电能表的基本误差的应满足表 6-2 的规定。

表 6-1　　　　　　　　　　　　　环境条件及允许误差

参比条件	参比值	电能表有功准确度等级						电能表无功准确度等级	
		0.01	0.02	0.05	0.1	0.2	0.5	2	3
		允许误差							
环境温度	参比温度	±2℃							
工作电压	额定工作电压	−20%～+15%							
频率	参比频率（%）	±0.1	±0.1	±0.2	±0.2	±0.2	±0.5	±0.5	±0.5
波形	正弦波	波形畸变因数（%）							
		1	1	1	1	1	2	2	3
参比频率的外部磁感应强度[①]	磁感应强度为零	磁感应强度使电能表误差变化不超过（%）							
		±0.003	±0.01	±0.01	±0.03	±0.1	±0.1	±0.3	±0.3

① 磁感应强度在任何情况下应小于 0.05mT。

表 6-2　　　　　　　　　　　　电能表的基本误差限值

准确度等级	0.01 级	0.02 级	0.05 级	0.1 级	0.2 级	0.5 级	2 级*	3 级*
基本误差限值（%）	0.01	0.02	0.05	0.1	0.2	0.5	2	3

* 表示电能表无功准确度等级。

数字化电能表基本误差测试方法分为 4 种，分别为标准数字化电能表法、瓦秒法、标准数字功率源法和模拟式标准源及模拟式标准表法，测试框图参见图 6-2～图 6-4。

1. 用标准数字化电能表校准电能表

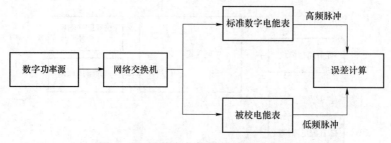

图 6-2　用数字化标准表法校准框图

按照被校电能表显示设置数字功率源和标准数字化电能表的采样值规约选项。按照不同测试点配置被检电能表的额定电压、额定电流，并选择合适的仪表脉冲常数。在标准数字化电能表与被校电能表都连续工作的情况下，用被校电能表输出的脉冲（低频或高频）控制标准电能表计数来确定被校电能表的相对误差。

被校电能表的相对误差 γ 按式（6-1）计算：

$$\gamma = \frac{m_0 - m}{m} \times 100(\%) \tag{6-1}$$

式中　m——实测脉冲数；

　　　m_0——算定脉冲数，按式（6-2）～式（6-4）计算。

标准表和被校表均为一次电能模式，或均为二次电能模式：

$$m_0 = \frac{C_0 N}{C_L} \tag{6-2}$$

标准表为一次电能模式，被校表为二次电能模式：

$$m_0 = \frac{C_0 N K_I K_U}{C_L} \times 10^{-3} \tag{6-3}$$

标准表为二次电能模式，被校表为一次电能模式：

$$m_0 = \frac{C_0 N}{C_L K_L K_Y} \times 10^{-3} \tag{6-4}$$

式中　N——被校表低频或高频脉冲数；

　　　C_0——标准表的（脉冲）仪表常数，imp/MWh（一次电能模式），或 imp/kWh（二次电能模式）；

　　　C_L——被校表的（脉冲）仪表常数，imp/MWh（一次电能模式），或 imp/kWh（二次电能模式）；

　　　K_I——被校表标准表的虚拟 TA 变比；

　　　K_U——被校表的虚拟 TV 变比；

　　　K_L——标准表的虚拟 TA 变比；

　　　K_Y——标准表的虚拟 TV 变比。

2. 用瓦秒法校准电能表

图 6-3 中通用计数器具有累计脉冲数功能。

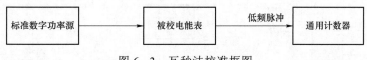

图 6-3　瓦秒法校准框图

用标准功率源确定调定的功率（测试前根据不同测试点配置被校电能表的额定电压、额定电流，并选择合适的脉冲常数），同时用标准测时器测量电能表在恒定功率下输出若干脉冲所需时间，该时间与恒定功率的乘积所得实际电能，与电能表测定的电能相比较来确定电能表的相对误差。

相对误差 γ 按式（6-5）计算：

$$\gamma = \frac{m - m_0}{m_0} \times 100(\%) \qquad (6-5)$$

式中　m——实测脉冲数，即电能表在校准误差时的 T_n（s）内实际输出的脉冲数；

　　　m_0——算定脉冲数，按式（6-6）～式（6-7）计算。

被校表为二次电能模式：

$$m_0 = \frac{CPT_n}{3.6K_I K_U} \times 10^{-6} \qquad (6-6)$$

被校表为一次电能模式：

$$m_0 = \frac{CPT_n}{3.6} \times 10^{-9} \qquad (6-7)$$

式中　T_n——选定的测量时间，s；

　　　P——调定的恒定功率值，W。

用自动方法控制标准测时器，被校电能表连续运行。若用手动方法控制标准测时器，被校电能表连续转动。

若标准功率源所发功率序列不够均匀或其响应速度较慢，还需适当增加测量时间。

3. 用标准数字功率源法校准电能表（图6-4）

图6-4　标准数字功率源法校准框图

标准数字功率源具有输出频率与调定功率成正比的高频脉冲的功能。

用标准功率源确定调定的功率。在被校电能表都连续工作的情况下，用被校电能表输出的脉冲（低频或高频）控制标准功率源脉冲计数来确定被校电能表的相对误差。相对误差计算过程与使用标准电能表校准电能表的计算过程相同。

4. 用模拟式标准源及模拟式标准表法校准电能表（图6-5）

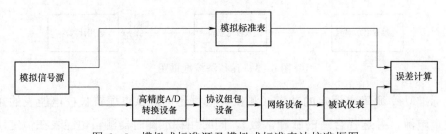

图6-5　模拟式标准源及模拟式标准表法校准框图

模拟信号源输出测试所需的电压、电流信号；模拟标准表测量电流、电压信号，计算得到电能值 W_N；电流、电压信号经过高精度 A/D 转换设备、协议组包设备得到遵循 DL/T 860.92 协议的采样值数据帧，协议帧经过网络设备输入被试电能表，被试电能表计算得到电能值 W_X。

电能表相对误差计算公式为：

$$\gamma = \frac{W_X - W_N}{W_N} \times 100(\%) \tag{6-8}$$

式中 W_X——被试电能表所记录的电能；

W_N——实际消耗的电能。

（二）起动

任选一组额定电压、额定电流，在参比频率、额定电压和 $\cos\varphi = 1$（对有功电能表）或 $\sin\varphi = 1$（对无功电能表）的条件下，电流通道施加表 6-3 规定的起动电流（各相同时加电压、起动电流），在规定的时限内电能表应能起动并连续记录。起动时限 t_Q 按式（6-9）进行计算：

$$t_Q = 1.1 \times \frac{60}{C \times P_Q} (\text{min}) \tag{6-9}$$

式中 C——被检电能表二次脉冲常数，imp/kWh 或 imp/kvarh；

P_Q——二次起动功率，kW 或 kvar。

表 6-3 电 能 表 的 起 动 电 流

准确度等级	0.02	0.05	0.1	0.2	0.5	2	3
起动电流	$0.0002I_n$	$0.0005I_n$	$0.001I_n$	$0.001I_n$	$0.001I_n$	$0.003I_n$	$0.005I_n$

（三）潜动

任选一组额定电压、额定电流，电流线路不加电流，电压线路施加 115% 的额定电压，电能表的测试输出在规定的时限内不应产生多于 1 个的脉冲。

潜动试验最短试验时间 Δt 见式（6-10）～式（6-14）。

0.02 级、0.05 级表：

$$T_Q = \frac{1500 \times 10^6}{C \times M \times \frac{U_{sr}}{\sqrt{3}} \times I_{max}} (\text{min}) \quad （二次电能模式） \tag{6-10}$$

0.1 级、0.2 级表：

$$T_Q = \frac{900 \times 10^6}{C \times M \times \frac{U_{sr}}{\sqrt{3}} \times I_{max}} (\text{min}) \quad （二次电能模式） \tag{6-11}$$

0.5 级表：

$$T_Q = \frac{600 \times 10^6}{C \times M \times \dfrac{U_{sr}}{\sqrt{3}} \times I_{max}} (\text{min}) \quad (\text{二次电能模式}) \tag{6-12}$$

2 级表：

$$T_Q = \frac{480 \times 10^6}{C \times M \times \dfrac{U_{sr}}{\sqrt{3}} \times I_{max}} (\text{min}) \quad (\text{二次电能模式}) \tag{6-13}$$

3 级表：

$$T_Q = \frac{300 \times 10^6}{C \times M \times \dfrac{U_{sr}}{\sqrt{3}} \times I_{max}} (\text{min}) \quad (\text{二次电能模式}) \tag{6-14}$$

式中　C ——被检电能表二次脉冲常数，imp/kWh 或 imp/kvarh；

　　　M ——三相四线电能表 $M=3$；三相电能表 $M = \sqrt{3}$；

　　　U_{sr} ——二次额定电压，单位为 V；

　　　I_{max} ——二次最大电流，单位为 A。

（四）费率寄存器示值组合误差

计数器示值（增量）的组合误差应符合式（6-15）规定：

$$\left| \Delta W_D - \left(\Delta W_{D1} + \Delta W_{D2} + \cdots + \Delta W_{Dn} \right) \right| \leqslant (n-1) \times 10^{-\beta} \tag{6-15}$$

式中　　　　　　ΔW_D ——该时间段内，总电能的电能增量；

ΔW_{D1}、ΔW_{D2}、…、ΔW_{Dn} ——该时间段内，各费率对应的电能增量；

　　　　　　　　n ——费率数，通常为 4（尖峰平谷）；

　　　　　　　　β ——电子显示总电能的小数位数。

（五）需量示值误差

需量测量准确度等级指数应与其有功电能的准确度等级指数一致，并根据测试负荷点调整。电能表最大需量的测量误差应小于误差限值，误差限值按式（6-16）确定：

$$\delta P = X + \frac{0.05 \times P_r}{P} (\%) \tag{6-16}$$

式中　X ——电能表的等级；

　　　P_r ——二次额定功率；

　　　P ——二次实际功率。

（六）仪表常数

电能表测试输出与显示器指示的电能量变化之间的关系，应与电能表设定的脉冲常数一致。

（七）日计时误差

电能表日计时误差满足以下要求：

（1）在参比温度及工作电压范围内，日计时误差应优于±0.5s/d；

（2）在工作温度范围−25～+60℃内，日计时误差随温度的改变量应小于±0.1s/（d·℃），在该温度范围内日计时误差不应超过±1s/d。

测定时钟日计时误差，辅助电源线路施加参比工作电压 10min 后，用标准时钟测试仪测电能表时基频率输出，连续测量 5 次，每次测量时间为 1min，取其算术平均值。

（八）误差一致性

同一批次数只被试样品在同一测试点的测试误差与平均值间的偏差不应超过表 6−4 的限定值。

表6−4 误 差 一 致 性 限 值

电流	功率因数	0.05 级	0.1 级	0.2S 级	0.5S 级	1 级	2 级
I_{pr}	1	±0.015%	±0.03%	±0.06%	±0.15%	±0.3%	±0.6%
	0.5L						
$0.1I_{pr}$	1	±0.02%	±0.04%	±0.08%	±0.20%	±0.4%	±0.8%

（九）测量重复性

电能表各测量结果按照式（6−17）计算标准偏差估计值 S（%），该值不应超过表 6−5 规定限值。

$$S = \sqrt{\frac{1}{n-1}\sum_{i=1}^{n}(y_i-\overline{y})^2} \qquad (6-17)$$

式中 n——对每个负载点进行的测量次数；

y_i——第 i 次测量得到的相对误差；

$\overline{y}$——所有相对误差的平均值。

表6−5 测 量 重 复 性 限 值

负载电流	功率因数	S（%）					
		0.05 级	0.1 级	0.2S 级	0.5S 级	1 级	2 级
$0.1I_{pr}$～$1.2I_{pr}$	1	0.01	0.02	0.04	0.1	0.2	0.4
$0.2I_{pr}$～$1.2I_{pr}$	0.5	0.01	0.02	0.04	0.1	0.2	0.4

（十）影响量

电能表在参比条件下施加下列影响量，电能表的相对误差应符合准确度等级指数要求。同时，相对于参比条件的变化引起的附加误差改变应按等级符合表 6−6 的规定。

表6-6   影　响　量

影响量	电流值（除特殊说明外，为平衡负载）	功率因数	各等级仪表误差改变极限（%）					
			0.05 级	0.1 级	0.2S 级	0.5S 级	1 级	2 级
电压改变 –10%～+10%①	$0.05I_{pr}\leq I<1.2I_{pr}$	1	0.02	0.05	0.1	0.2	0.4	1.0
	$0.1I_{pr}\leq I\leq 1.2I_{pr}$	0.5L	0.04	0.1	0.2	0.4	0.8	1.5
频率改变 +2%	$0.05I_{pr}\leq I<1.2I_{pr}$	1	0.02	0.05	0.1	0.2	10	2.5
	$0.1I_{pr}\leq I\leq 1.2I_{pr}$	0.5L	0.02	0.05	0.1	0.2	1.0	2.5
逆相序	$0.1I_{pr}$	1	0.01	0.02	0.05	0.1	—③	—
电压电流通道中的谐波分量	$0.6I_{pr}$	1	—	—	—	—	—	—
交流电流通道次谐波	$0.5I_{pr}$	1	—	—	—	—	—	—
交流电流通道中直流和偶次谐波	$1.21/\sqrt{2}$	1	—	—	—	—	—	—
射频电磁场辐射	I_{pr}	1	—	—	—	—	—	—
快速瞬变脉冲群	I_{pr}	1	—	—	—	—	—	—
射频场感应的传导骚扰	I_{pr}	1	—	—	—	—	—	—
浪涌（冲击）	I_{pr}	1	—	—	—	—	—	—
额定电压、额定电流改变	$0.01I_{pr}\leq I\leq 1.2I_{pr}$	1	—	—	—	—	—	—
采样频率和 ASDU 数目改变	$0.01I_{pr}\leq I\leq 1.2I_{pr}$	1	—	—	—	—	—	—
采样值不连续或丢点率低于 0.01%	I_{pr}	1	—	—	—	—	—	—
采样值输入报文为检修状态	I_{pr}	1	—	—	—	—	—	—
采样数据非同步	I_{pr}	1	—	—	—	—	—	—
网络压力②90%，40Mbps	I_{pr}	1	—	—	—	—	—	—

① 电压范围在 –20%～–10% 和 +10%～+15% 时，误差改变极限为本表规定值的 3 倍，–90%～–20% 时，误差改变极限不作要求。–90%～+15%，误差均需满足准确度等级指数要求。

② 网络压力影响包含两种，一种为 90% 的广播风暴，另一种为 40Mbps 过程层报文影响。

③ 表中标记"—"为不要求误差改变。

（十一）电表清零

电能表应具备电表清零功能，满足以下要求：

（1）清除电能表内存储的电能量、最大需量、冻结量、事件记录等数据。

（2）清零操作应作为事件永久记录。

（3）电能表底度值只能清零，禁止设定。

二、数字化电能表检验装置

（一）数字化电能表检验装置类型

数字化电能表检验装置，为被检数字化电能表提供量化数字量的电能输入并测定被检数字化电能表电能输出的所有设备组合。按工作原理，通常可分为 A、B、C、D 四类。

1. A 类检验装置

A 类检验装置原理如图 6-6 所示。

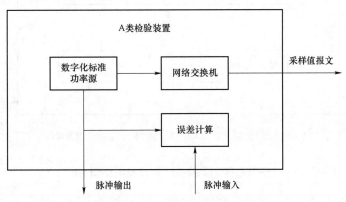

图 6-6　A 类检验装置原理框图

数字化标准功率源输出符合 DL/T 860.92—2016 的采样值报文，经网络交换机输出给被检数字化电能表。数字化标准功率源输出标准电能脉冲给误差计算单元。误差计算单元通过比较标准电能脉冲和被检电能脉冲，得到被检数字化电能表的电能误差。

2. B 类检验装置

B 类检验装置原理如图 6-7 所示。

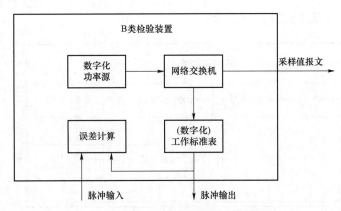

图 6-7　B 类检验装置原理框图

数字化功率源输出符合 DL/T 860.92—2016 的采样值报文，经网络交换机输出给被检数字化电能表。（数字化）工作标准表接收采样值报文，计算电能并转换成标准电能脉冲输出。误差计算单元通过比较标准电能脉冲和被检电能脉冲，得到被检数字化电能表的电能误差。

3. C 类检验装置

C 类检验装置原理如图 6-8 所示。

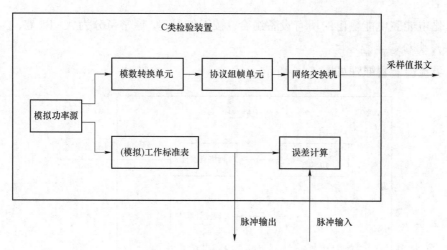

图 6-8   C 类检验装置原理框图

模拟功率源输出模拟电压电流信号，模拟电压电流信号同时施加给模数转换单元和（模拟）工作标准表。模数转换单元将模拟电压电流信号转换为电压电流采样值，采样值经协议组帧单元封装为符合 DL/T 860.92—2016 的采样值报文，采样值报文通过网络交换机输出给被检数字化电能表。（模拟）工作标准表通过采集模拟电压电流信号，经过电能计算并转换成标准电能脉冲输出。误差计算单元通过比较标准电能脉冲和被检电能脉冲，得到被检数字化电能表的电能误差。

4. D 类检验装置

D 类检验装置原理如图 6-9 所示。

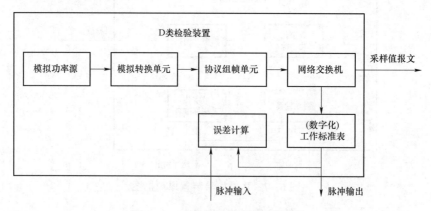

图 6-9   D 类检验装置原理框图

模拟功率源输出模拟电压电流信号，模拟电压电流信号同时施加给模数转换单元。模数转换单元将模拟电压电流信号转换为电压电流采样值，电压电流采样值经协议组帧单元封装为符合 DL/T 860.92—2016 的采样值报文，采样值报文通过网络交换机输出给被检数字化电能表和（数字化）工作标准表。（数字化）工作标准表接收采样值报文，计算电能并转换成标准电能脉冲输出。误差计算单元通过比较标准电能脉冲和被检电能脉冲，得到被检数字化电能表的电能误差。

（二）基本误差

1. 基本误差限值

检验装置的有功电能测量准确度等级分为 0.01、0.02 级和 0.05 级，无功电能测量准确度等级分为 0.2 级和 0.5 级。

在表 6-7 规定的参比条件下，各准确度等级检验装置有功电能测量的百分数误差不应超过表 6-8 的规定，无功电能测量的基本误差不应超过表 6-9 的规定。

注：本标准所述无功电能均指基波无功电能，参见 GB/T 17215.324—2017。

表6-7 数字化电能表检定参比条件

序号	影响量		参比值	各准确度等级检验装置参比条件的最大允许偏差		
				0.01 级	0.02 级	0.05 级
1	环境温度		23℃	±1℃	±1℃	±2℃
2	相对湿度		50%	±15%	±15%	±20%
3	信号电压		额定电压	±0.2%	±0.2%	±0.5%
4	信号频率	A 类	50Hz	±0.0%	±0.0%	±0.0%
		B、C、D 类		±0.2%	±0.2%	±0.3%
5	信号波形		正弦波	失真度（%）		
				0.5	0.5	1.0
6	信号相位角		标称值	0.3°	0.3°	0.5°
7	恒定磁感应强度ᵃ		零	—		
8	工频磁感应强度ᵃ		零	0.5μT		
9	相序		正相序	—		
10	信号电压不对称度		零	0.3%	0.3%	0.5%
11	信号电流不对称度		零	0.5%	0.5%	1.0%
12	信号相位不对称度		零	1°		2°
13	供电电源电压允许偏差		额定电压	±5%		
14	供电电源频率允许偏差		标称值	±1%		

ᵃ 仅适用于 C 类和 D 类检验装置。

表6-8 有功电能测量的基本误差限值

负载	功率因数 cosφ	各准确度等级检验装置的基本误差限值（%）		
		0.01 级	0.02 级	0.05 级
平衡负载	1.0	0.010	0.02	0.05
	0.5L，0.8C	0.010	0.02	0.07
	0.5C	0.015	0.03	0.10
	特殊要求时 0.25L	—	—	0.20
不平衡负载	1.0	0.010	0.02	0.06
	0.5L	0.015	0.03	0.08

注 L 为感性；C 为容性。

表6-9   无功电能测量的基本误差限值

负载	功率因数 $\sin\phi$	各准确度等级检验装置的基本误差限值（%）	
		0.2 级	0.5 级
平衡负载	1.0	0.2	0.5
	0.5L，0.5C	0.3	0.7
	特殊要求时 0.25L，0.25C	0.6	1.5
不平衡负载	1.0	0.3	0.7
	0.5L，0.5C	0.4	1.0

注　L 为感性；C 为容性。

2. 试验方法

试验应在表 6-7 规定的参比条件下进行。

试验前，参考标准（表）应按照制造商规定的时间进行预热，达到热稳定。

应采用下述方法之一测定检验装置的基本误差：

（1）标准表法——比较参考标准（表）的电能值与检验装置的电能值。

注：电能值指电能示值或表征电能的脉冲数。

（2）瓦秒法——通过测量功率和积分时间来计算检验装置的电能，并与检验装置的电能示值相比较。

（三）测量重复性

1. 要求

检验装置的测量重复性用实验标准差表征，在表 6-7 规定的参比条件下进行不少于10 次的测量，有功电能测量的实验标准差不应超过表 6-10 的规定，无功电能测量的实验标准差不应超过表 6-11 的规定。

表6-10   有功电能测量的实验标准差限值

功率因数 $\cos\phi$	各准确度等级检验装置的实验标准差限值（%）		
	0.01 级	0.02 级	0.05 级
1.0	0.002 0	0.002 5	0.005
0.5L，0.8C	0.002 5	0.003 0	0.007

注　L 为感性；C 为容性。

表6-11   无功电能测量的实验标准差限值

功率因数 $\sin\phi$	各准确度等级检验装置的实验标准差限值（%）	
	0.2 级	0.5 级
1.0	0.02	0.05
0.5L，0.5C	0.03	0.07

注　L 为感性；C 为容性。

2. 试验方法

进行有功电能和无功电能测量重复性试验时，每项试验的重复次数不少于 10 次，并按式（6-18）计算检验装置的有功/无功电能标准差估计值 S：

$$S = \sqrt{\sum_{i=1}^{n} (E_i - \bar{E})^2 / (n-1)} \qquad (6-18)$$

式中 S ——有功/无功电能标准差估计值；

E_i ——第 i 次测量时检验装置的基本误差，%；

$\bar{E}$ —— E_i 的算术平均，即 $\bar{E} = (E_1 + E_2 + \cdots + E_n) / n$, %；

n ——重复测量的次数，$n \geq 10$。

（四）影响量

影响量引起的误差改变量限值。

在表 6-7 给出的参比条件下，由单一影响量引起的误差改变量不应超过表 6-12 的要求。

表 6-12　　　　　　　　　　影响量引起的误差改变量限值

序号	影响量	范围	功率因数 $\cos\phi$	各准确度等级检验装置的误差改变量限值（%）		
				0.01 级	0.02 级	0.05 级
1	环境温度	（1±10%）参比值	1.0	—	0.004	0.010
			0.5L	—	0.006	0.015
2	信号电压	（1±10%）参比值	1.0	—	0.004	0.010
			0.5L	—	0.005	0.015
3	信号频率	（1±2%）参比值	1.0	—	0.004	0.010
			0.5L	—	0.005	0.015
4	电压电流信号中五次谐波 [b]	电压 10%、电流 40%五次谐波	1.0	—	—	0.08
5	电流信号中的奇次谐波 [a,b]	电流波形为奇次谐波波形	1.0	—	—	0.15
6	电流信号中的间谐波 [a,b]	电流波形为间谐波波形	1.0	—	—	0.15
7	相序	逆相序	1.0	—	—	0.005
8	电压不对称度	有一相或两相电压为零	1.0	—	—	0.05
			0.5L	—	—	0.05

注　L 为感性；C 为容性。

[a] 序号 5 和 6 试验时，失真度不应大于 1%。

[b] 仅适用于 B、C、D 类检验装置。

第二节 数字化电能表检定装置

目前数字化电能表校验装置有三种结构，一种是纯数字型数字化电能表校验仪，可以实现虚拟负荷、实负荷模式下数字化电能表校验，有机架式（AC220V 供电）和便携式（锂电池供电）两种；另一种是带模拟量型数字化电能表校验仪，可以实现虚拟负荷、虚负荷、实负荷模式下数字化电能表校验，有机架式（AC220V 供电）和便携式（锂电池供电）两种；还有一种是表台式数字化电能表校验装置，可以一次性校验多块数字化电能表常见有 6 表位、8 表位、16 表位等。

校准所用的校准装置的准确度等级、最大允许误差及允许的实验标准偏差应满足表 6-13 的要求。

表 6-13　　　　　　　　　校准装置的最大允许误差和实验标准偏差限

被校电能表准确度等级	有功电能表准确度等级		无功电能表准确度等级	
	0.2S 级	0.5S 级	1 级	2 级
校准装置的准确度等级	0.05 级	0.05 级	0.2 级	0.2 级
校准装置的最大允许误差（%）	±0.05	±0.05	±0.2	±0.2
校准装置的实验标准偏差限（%）	0.005	0.005	0.02	0.02

一、纯数字型数字化电能表校验仪

（一）纯数字型数字化电能表校验仪特点

适用于符合 DL/T 860 标准数字量输出的光数字化电能表的实验室误差检定和现场校验。

在硬件方面，本校验仪采用 Windows7 系统，10.1 英寸触摸屏，可实现虚负荷校验、实负荷校验。有机架式（AC220V 供电）和便携式（锂电池供电）两种，如图 6-10 所示。

图 6-10　纯数字型数字化电能表校验仪

（二）主要功能

（1）实现虚拟负荷校验、实负荷校验。兼容 DL/T 860-9-1/-9-2/9-2LE 协议，对通信参数具有自适应能力。

（2）在线实负荷校验时能对 DL/T 860-9-1/DL/T 860-9-2/DL/T 860-9-2LE 的网络报文进行全息分析，如网络地址、ASDU 个数、采样率、同步方式、数据波形等。

（3）虚拟负荷校验时灵活配置 ASDU 个数，采样点数，MAC，SVID，APPID 等通信参数。

（4）具有 ST、SC 接口的光纤以太网和 RJ-45 接口以太网，提高可靠性和方便介入不同接口的计量装置。

（5）采用传统电能基准，可实现精度校准和量值溯源。

（6）电池供电，电池持续工作时间＞5h（便携式专有）。

（7）便携式设计，方便现场检测工作，支持触摸屏和键盘输入。

（三）仪器检定接线图

1. 虚拟负荷校验

纯数字型数字化电能表校验仪提供数字源，共有两个光输出口，一路光信号直接通过光纤接入数字化电能表校验仪标准表模块的输入端光输入口，另一路光信号接入被检数字化电能表，被检数字化电能表输出低频脉冲，接入到校验仪，与校验仪内部计算得出的高频脉冲进行误差计算。仪器校验接线如图 6-11 所示。

（1）校验仪数字源光输出口光口 1、光口 2 接校验仪标准表光输入口。

（2）校验仪数字源光输出口光口 1、光口 2 或光口 3 接被检数字化电能表光口。

（3）被检数字化电能表低频脉冲输出接校验仪的低频脉冲输入口。

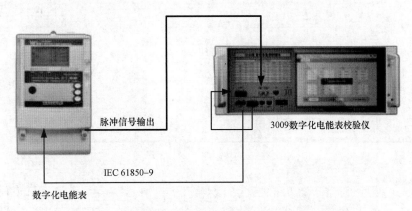

图 6-11 纯数字型数字化电能表校验仪虚拟负荷校验

2. 实负荷校验

数字源为外部源，智能变电站一般是从外部（合并单元/过程层交换机）得到的 DL/T 860-9-2（LE）数字源。

仪器校验接线如图 6-12 所示。

（1）外部 DL/T 860-9-2（LE）数字信号接测试仪标准表光输入光口。

（2）外部 DL/T 860-9-2（LE）数字信号接被检数字化电能表光口。

（3）被检数字化电能表脉冲输出接校验仪的脉冲输入口。

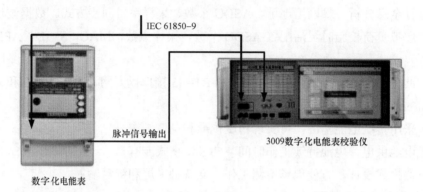

图 6-12　纯数字型数字化电能表校验仪实负荷校验

（四）纯数字型数字化电能表校验仪软件界面

1. 数字报文配置软件界面

用以配置内置数字源报文信息和内置源通道映射，如图 6-13 所示。

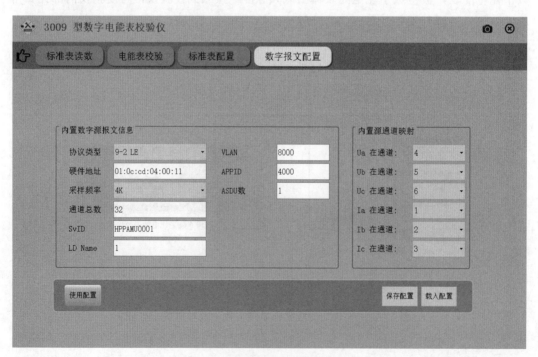

图 6-13　数字报文配置软件界面

（1）内置数字源报文信息。

协议类型：9−1、9−2、9−2LE 三种类型，其中 9−1 目前已经不用，目前普遍使用 9−2LE。

硬件地址：MAC 地址；

采样频率：采用频率有一般有 4K 或 12.8K；

通道总数：根据合并单元的实际通道配置；

SVID：虚拟 ID 号；

LD Name：逻辑设备名称，默认为 1；

VLAN：默认 8000；

APPID：装置识别 ID；

ASDU：每帧报文中的包含的采样点数目，最大为 10。

（2）内置源通道映射。

主要针对合并单元测量通道的映射，包括 U_A、U_B、U_C、I_A、I_B、I_C。

2. 标准表配置软件界面

标准表配置主要是用于校验仪在接收到 9−2 报文后，进行电能计算，如图 6−14 所示。

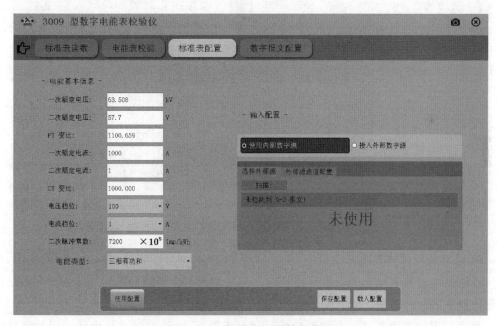

图 6−14　标准表配置软件界面

电能基本信息包括：

一次额定电压：互感器一次侧额定电压；

二次额定电压：互感器二次侧额定电压；

PT 变比：一次额定电压和二次额定电压的变比；

一次额定电流：电流互感器一次侧额定电流；

二次额定电流：电流互感器二次侧额定电流；

TA 变比：一次额定电流和二次额定电流的变比；

电压档位：50V、100V、200V、400V，用于仪器标准表电压内部档位；

电流档位：0.1A、0.2A、1A、2A、10A、20A、100A，用于仪器标准表电流内部档位；

电能类型：三相有功和、三相无功和、A 相有功、B 相有功、C 相有功、A 相无功、B 相无功、C 相无功八种类型。

3. 标准表读数软件界面

校验仪标准表测量数据，主要内容包括电压、电流、功率因数、相角、有功功率、无功功率、总功率等参数，如图 6-15 所示。

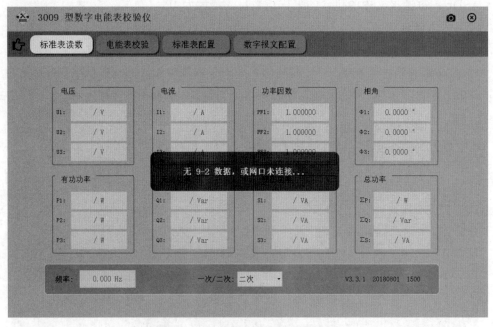

图 6-15 标准表读数软件界面

4. 电能表校验软件界面

校验仪在对数字化电能表进行校验时，需要输入电能表的基本信息：测试参数、数字化电能表的脉冲常数、测试圈数等。

如果使用仪器内部源（虚拟负荷校验仪时需要），在检测数字化电能表误差前需要先配置内部源控制模块设置要测试的电压、电流、功率因数、电流方向、相序、分元或合元等测试状态，如图 6-16 所示。

升源：校验仪输出模拟合并单元的数字量信息；

降源：校验仪停止输出合并单元的数字量信息；

误差：被测数字化电能表和标准表的电能比较误差。

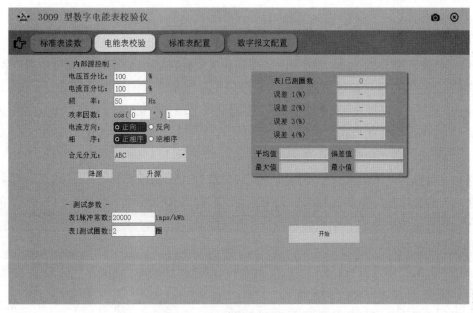

图 6-16 电能表校验软件界面

二、带模拟量型数字化电能表校验仪

(一)带模拟量型数字化电能表校验仪特点

适用于符合 DL/T860 标准的数字化电能表虚拟法、虚负荷法、实负荷法的误差测试、接线判断、起动、潜动、日计时等功能测试。

本校验仪采用 Windows10 系统,10.1 英寸触摸屏,采用 Altera 公司高性能 FPGA,工作频率高达 400M,稳定工作在 200M 时可实现工频 50Hz 时 0.005′ 的相位调整,再借助高精度测量模块,测得准确的角度,通过反馈调节,最终可得到优于 0.001° 的相角,无需额外人机交互模块,即可完成数字化电能表的检定,便携机箱设计,轻巧美观,方便各类现场校验。有机架式(AC220V 供电)和便携式(锂电池供电)两种。

(二)主要功能

(1)带模拟量型数字化电能表校验仪所使用的数字功率源具备由真实的模拟三相功率源经过高精度 AD 转换而来,同时也具备软件拟合能力。

(2)能够满足 DL/T 1507—2016《数字化电能表校准规范》所要求的所有检测项目。

(3)带模拟量型数字化电能表校验仪所使用的数字标准电能表具有向上溯源能力,数字标准电能表能够采用传统 0.01 级标准电能表实现量值溯源。

(4)能够支持 DL/T 860-9-1/DL/T 860-9-2/DL/T 860-9-2LE 协议。

(5)除了能够检定电能表的基本误差(正反相、有无功)、起动、潜动、时钟外还能够检定各种影响量(谐波/频率/不平衡)的误差以及测量不确定度。

(6)可以实时精确测量不同频率下的电压电流、功率、谐波等实时值。方便对数字化电能表的有效值、功率、谐波等检定。

（7）无论在现场检定还是实验室检定都支持双 MU 输出。

（8）具备 APPID 或组播过滤能力，方便现场从录波或交换机备用通道获取电能表数据。

（9）支持单光口双 MU 信号通信，也可以支持双光口双 MU 信号通信。

（10）支持 3/2 模拟功能，能够输出三路 SMV 报文，模拟 3/2 接线的数字化电能表校验。

（11）能够对 DL/T 860 的各种参数如采样点数、MAC 地址、SVID、APPID、ASDU 等能灵活配置，并正确输出 DL/T 860 协议帧。

（12）可以同时校验同一回路中的主副表的有功或无功误差。

（13）校验电压、电流、功率、功率因数、相位和频率等电工仪表。

（14）可以实时显示各相电参数指标（U、I、P、Q、Φ、F），同时测量并显示三个电压/电流的波形。

（15）电流钳输入量程：5A，20A，100A，500A，1000A，1500A。5A 钳表为标配，最多可选配 3 套钳表（便携式专有）。

（16）在四个象限识别任意种电能表错误接线。

（17）电池供电，电池持续工作时间＞5h（便携式专有）。

（18）可通过 U 盘升级软件、下载校验数据等。

（三）仪器校准接线图

带模拟量型数字化电能表校验仪具备两个功能：具备模拟量采样转换为数字量功能；具备数字功率源输出功能。

1. 虚拟法校验数字化电能表

虚拟法利用数字化电能表校验仪内部数字源模块为信号源，输出的 DL/T 860.92 采样值报文作为数字化电能表计量输入信号，在不同额定电压、额定电流下测量不同功率因数情况下的数字化电能表基本误差。根据需要允许增加或减少误差测试点。

图 6-17 为带模拟量型数字化电能表虚拟法校准逻辑图，数字化电能表校验仪内部数字功率源产生数字信号输入到内部标准数字化电能表，同时输出 DL/T 860.92 采样值报文作为被校数字化电能表的接入信号，校验仪接收被校数字化电能表的脉冲信号，通过内部数字电能误差计算模块计算标准数字化电能表和被校数字化电能表间的差值，即为被校数字化电能表的误差。

如图 6-18 所示为带源数字化电能表校验仪校验电能表的接线图，数字化电能表现场校验仪 DL/T 860.92（IEC 61850）输出接口通过光纤连接到数字化电能表输入光口，数字化电能表脉冲信号接口连接到校验仪脉冲输入口。

2. 虚负荷法校验数字化电能表

本方法利用数字化电能表校验仪内部模拟数字转换模块输出的数字信号为信号源，输出的 DL/T 860 采样值报文作为数字化电能表计量输入信号，在不同额定电压、额定电流下测量不同功率因数、不同输入时的数字化电能表基本误差，根据需要允许增加或减少误差测试点。

虚负荷法带模拟量型数字化电能表的校验逻辑图如图 6-19 所示。

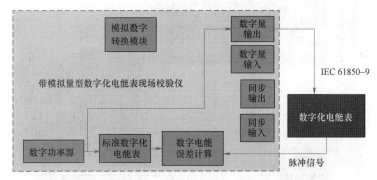

图 6-17　带模拟量型数字化电能表虚拟校验逻辑图

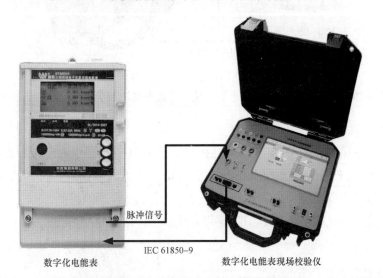

图 6-18　带模拟量型数字化电能表校验仪虚拟法校验数字化电能表接线图

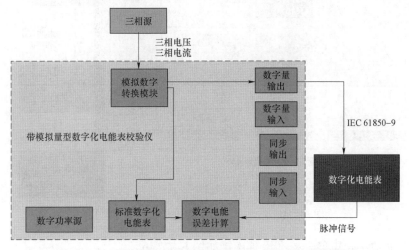

图 6-19　虚负荷法带模拟量型数字化电能表校验逻辑图

图 6-20 所示为带模拟量型数字化电能表校验仪虚负荷法校验数字化电能表接线图。

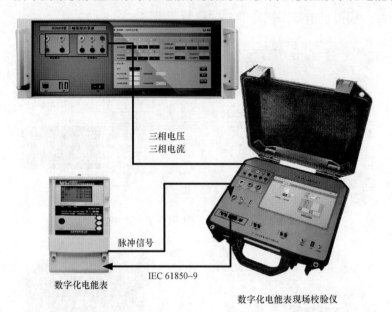

图 6-20　带模拟量型数字化电能表校验仪虚负荷法校验数字化电能表接线图

3. 实负荷法校验数字化电能表

采用合并单元输出的 DL/T 860 采样值报文作为数字电能计量输入信号,在用户明确实验室额定电压、额定电流下测量不同功率因数、不同输入时的数字化电能表基本误差。根据需要允许增加或减少误差测试点。

实负荷法数字化电能表校准如图 6-21 所示。

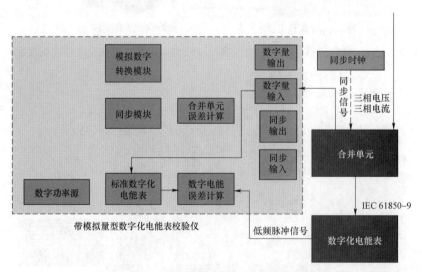

图 6-21　实负荷法数字化电能表校验逻辑图

实负荷法数字化电能表校准设备连接如图 6-22 所示。

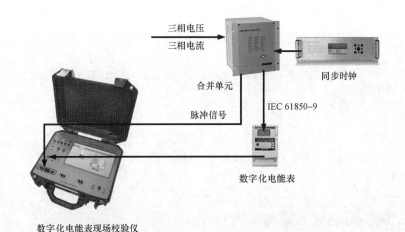

图 6-22　带模拟量型数字化电能表校验仪实负荷法校验数字化电能表接线

（四）带模拟量式数字化电能表校验仪软件界面

1. 数字报文配置软件界面

仪器内部源有三种模式：使用外部数字源（实负荷模式）、使用内部数字源（虚拟模式）和模拟转数字（虚负荷模式），根据采用的校验方法选择适当的源类型，如图6-23所示。

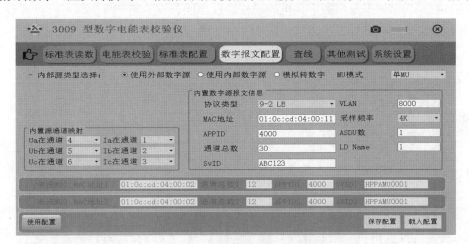

图 6-23　数字报文配置界面

内置数字源报文信息和内置源通道映射设置可参见纯数字型数字化电能表校验仪软件界面说明中的数字报文配置说明。

2. 标准表配置软件界面

标准表配置可参见纯数字型数字化电能表校验仪软件界面说明中的标准表配置。

3. 标准表读数软件界面

标准表读数是仪器内部标准表在测试过程中读取的数字量值，分别显示三相电压、电流、功率因数、相角、有功、无功、视在功率等，如图6-24所示。

向量图能够显示电压、电流的六角向量图，可以识别通道映射是否错误。

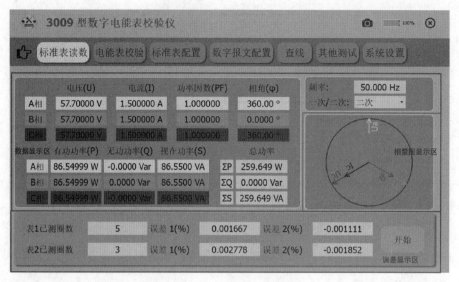

图6-24 标准表读数界面

4. 电能表校验软件界面

图6-25为带模拟量型数字化电能表校验仪电能表校验测试界面。可参见纯数字型数字化电能表校验仪软件界面说明中的电能表校验说明。

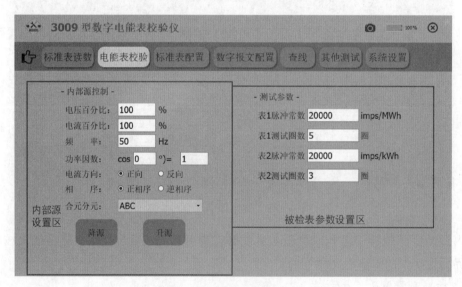

图6-25 电能表校验界面

三、表台式数字化电能表校验装置

表台式数字化电能表校验装置，是一套对数字化电能表的电能计量准确度进行校验的装置。软件主要包括电能表检验、数据管理、方案设置三个主要部分。检验部分的主要功能是对装置进行控制并对电能表进行各项检验，如：误差测试、标准偏差测试、多功能测试等；数据管理的主要功能是对电能表检验记录的修改、查询及各种报表的打印等；方案设置的主要功能主要是对方案的详细设置，包括方案的创建、修改、删除等。

1. 检测项目

以数字功率源为信号源，可以开展以下项目：

（1）规约一致性。

（2）电流变化引起的误差。

（3）起动试验。

（4）潜动试验。

（5）费率寄存器示值组合误差。

（6）需量示值误差。

（7）仪表常数试验。

（8）日计时误差。

（9）（多表）误差一致性。

（10）（单表）测量重复性。

（11）影响量试验。

（12）其他电参量测量误差。

2. 数字化电能表校表台测试流程

数字化电能表校表台测试流程：

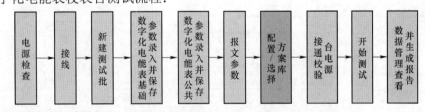

新建/校验项目流程：

3. 表台式数字化电能表校验软件界面

（1）电能表误差软件界面。数字化电能表误差测试软件主要是对数字化电能表多表位同时进行误差测试。主要功能区有检验项目区、测试数据区、表位误差区、被检表基础信息区等，如图6-26所示。

检验项目区：主要是体现该方案需要检定的具体项目内容。

测试数据区：显示当前项目中的具体测试内容，往往一个测试项目中含有多项测试内容。

表位误差区：主要显示全部表位当前误差值。

被检表基础信息区：主要显示全部表的基本信息，包括表号、有功常数、无功常数、有功等级、无功等级、通信规约、通信方式、密码权限、密码、型号、电能表类型、生产厂家等。

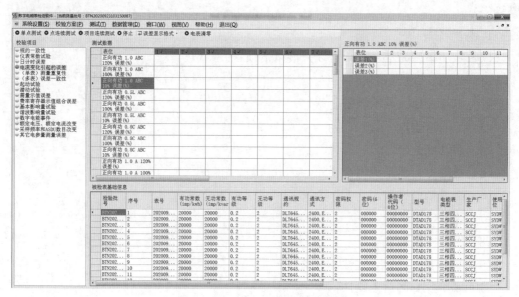

图 6-26　电能表校验方案配置

（2）数据查询软件界面。数据查询界面主要是查询已经保存数据的具体内容，包括检定时间等，方便后续输出处理及报告打印，如图 6-27 所示。

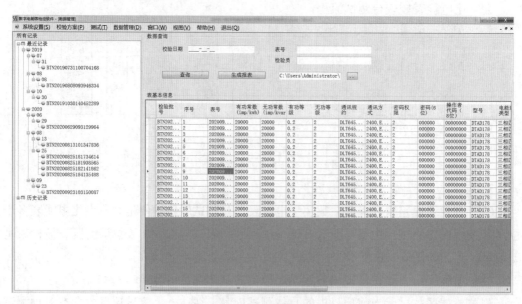

图 6-27　校验结果

第三节 数字化电能表误差测试

一、纯数字型数字化电能表校验仪

（一）接线

1. 虚拟负荷校验

纯数字型数字化电能表校验仪提供数字源，共有两个光输出口，一路光信号直接通过光纤接入数字化电能表校验仪标准表模块的输入端光输入口，另一路光信号接入被检数字化电能表，被检数字化电能表输出低频脉冲，接入到校验仪，与校验仪内部计算得出的高频脉冲进行误差计算。

纯数字型数字化电能表检验仪虚拟负荷校验接线如图 6-28 所示。

（1）校验仪数字源光输出口光口 1/光口 2 接校验仪标准表光输入口。

（2）校验仪数字源光输出口光口 1/光口 2 接被检数字化电能表光口。

（3）被检数字化电能表低频脉冲输出接校验仪的低频脉冲输入口。

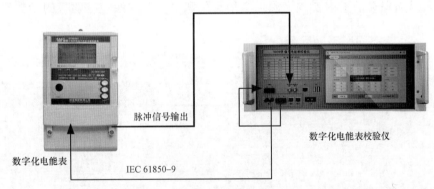

图 6-28 纯数字型数字化电能表校验仪虚拟负荷校验接线

2. 实负荷校验

数字源为外部源，智能变电站一般是从外部（合并单元/过程层交换机）得到的 DL/T 860-9-2（LE）数字源。

纯数字型数字化电能表校验仪实负荷校验接线如图 6-29 所示。

（1）外部 DL/T 860-9-2（LE）数字信号接测试仪标准表光输入光口。

（2）外部 DL/T 860-9-2（LE）数字信号接被检数字化电能表光口。

（3）被检数字化电能表脉冲输出接校验仪的脉冲输入口。

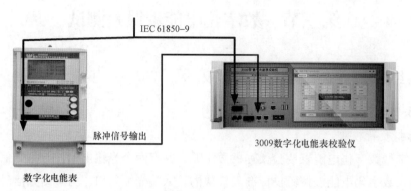

图6-29 纯数字型数字化电能表校验仪实负荷校验接线

(二）参数设置

（1）数字报文配置。"内置数字源报文信息"区可以配置内部数字源报文相关信息，"内置源通道映射"区内可以选择各电压/电流对应的通道数，参数均是由被检数字化电能表中获得，配置好"内置数字源报文信息"和"内置源通道映射"后，点击"使用配置"按钮，将数据传到仪器内部标准数字源模块。点击"保存配置"按钮，可以保存"内置数字源报文信息"和"内置源通道映射"的参数，点击"载入配置"按钮，可以载入以前保存的"内置数字源报文信息"和"内置源通道映射"的参数信息，如图6-30所示。

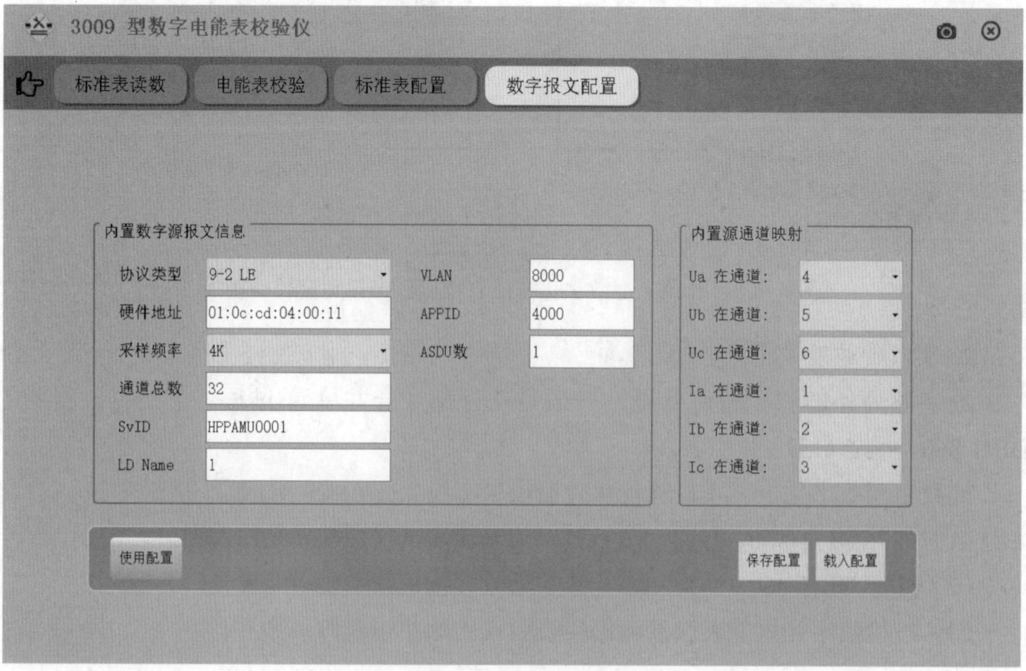

图6-30 数字报文配置界面

（2）标准表配置。在"标准表配置"界面，可以配置电能相关参数，且电量相关参数从被检数字化电能表中获得，配置好后，点击"使用配置"按钮，将数据传到仪器内部标准数字源模块。点击"保存配置"按钮，可以保存已配置好的参数，点击"载入配置"按钮，可以载入以前保存"标准表配置"的参数信息，如图6-31所示。

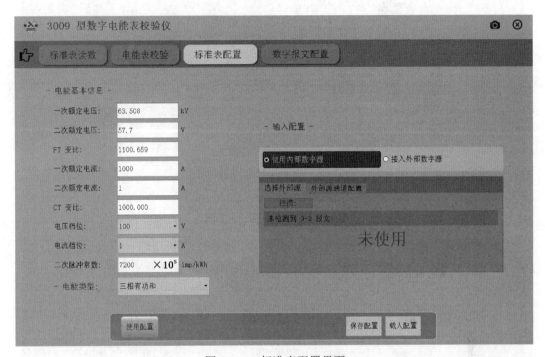

图6-31　标准表配置界面

（3）内部源控制（虚拟负荷校验）。如果使用仪器"内部数字源"，需要通过"内部源控制"区来控制内部数字源的电量参数以及"升源""降源"。主要设置项为频率、电压百分比、电流百分比、角度/功率因素、三相合元分元、电流的方向、相序。点击"升源"按钮，仪器标准源光纤输出端口输出带有电量参数的报文，点击"降源"按钮，输出电量为0的报文。如果使用"外部数字源"，无需设置"内部源控制"区，如图6-32所示。

（4）标准表读数。实时显示仪器内部标准表的一次/二次的电压、电流、功率因素、相角、有功功率、无功功率、视在功率、总功率值。当显示"无9-2数据，或者网口未连接…"时，说明光输入口无信号或标准表通道故障，需要检查光输入信号或检验仪，如图6-33所示。

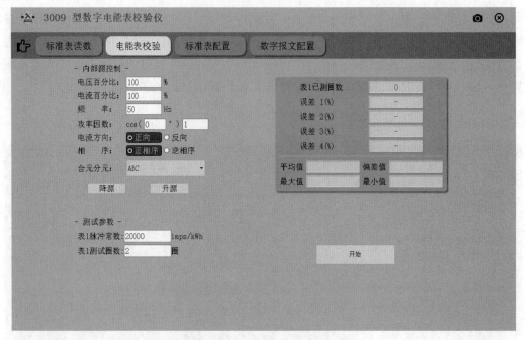

图 6-32 内部源控制界面

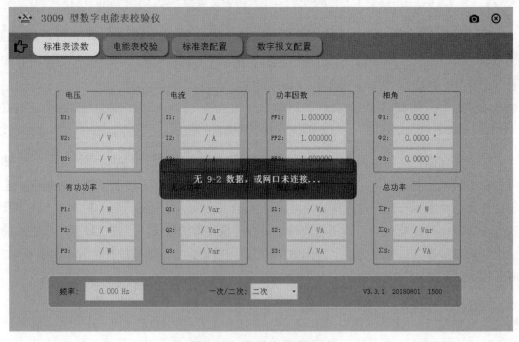

图 6-33 标准表监测界面

（5）电能表校验。"电能表校验误差"首先设置"测试参数"区的脉冲常数（被检数字化电能表中获取）和圈数，然后点击"开始"按钮，可以显示四个误差值及误差最大值、最小值、平均值、偏差值，如图 6-34 所示。

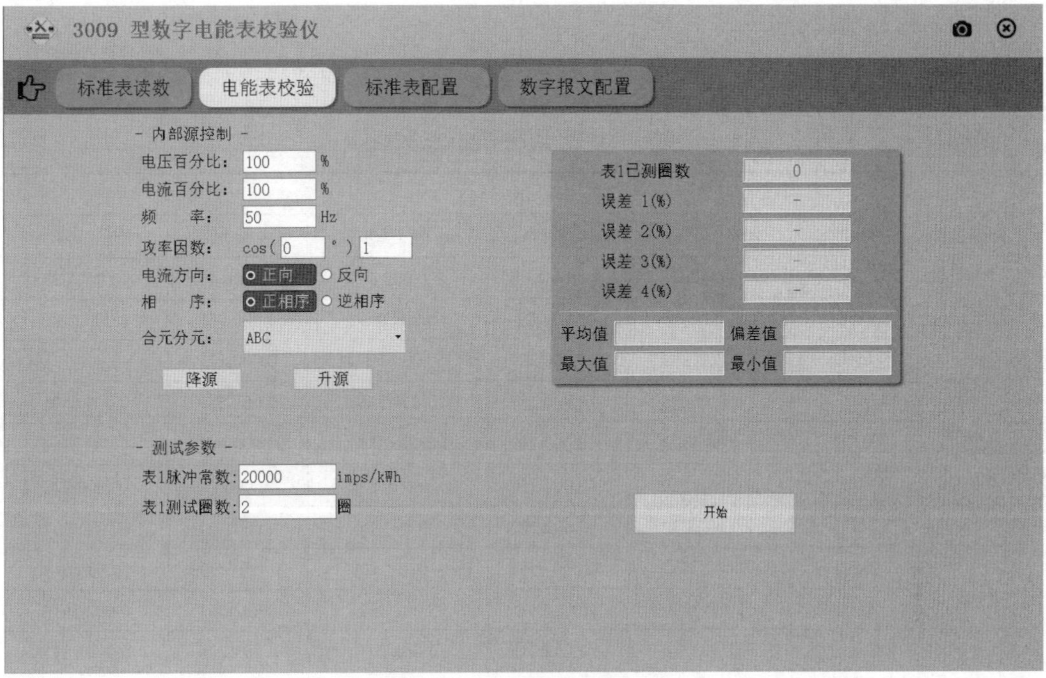

图 6-34　电能表校验界面

（三）开始检测

参数设定后，点开始按钮，开始误差测量。会显示测试误差值，如图 6-35 所示。

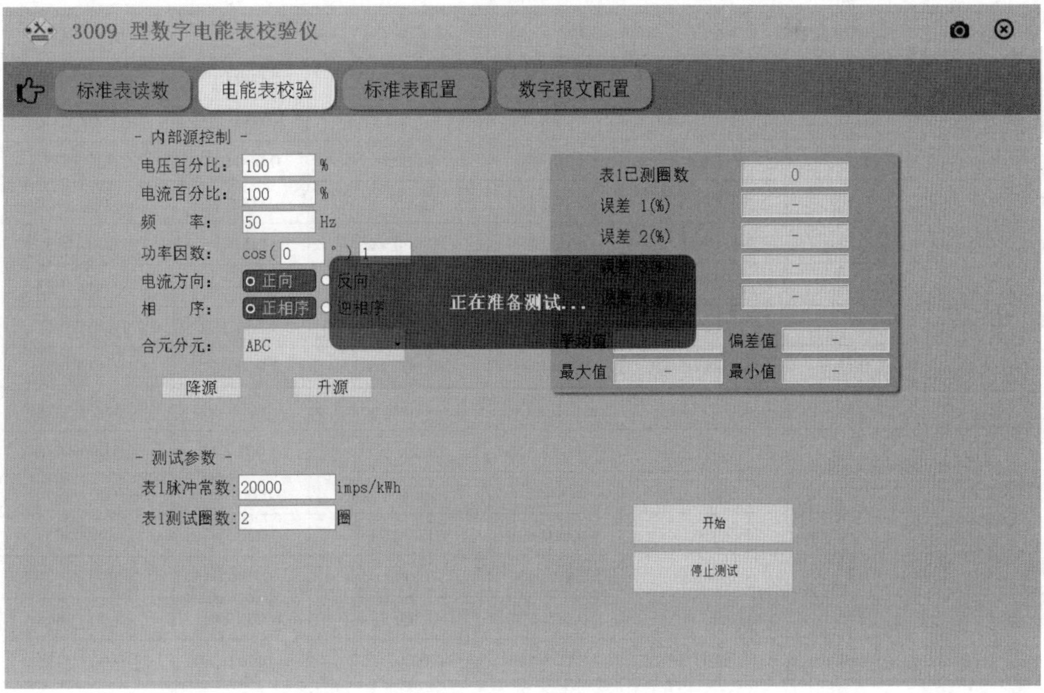

图 6-35　数字化电能表误差测试界面

（四）检测结果处理

以下数据带模拟量数字化电能表校验仪虚拟负荷、实负荷数据，见表 6-14、表 6-15。

表 6-14　　　　　　　　　数字化电能表虚拟法校验数据

		DTAD6268				
电流值	功率因数	误差 1（%）	误差 2（%）	误差 3（%）	误差 4（%）	均值（%）
0.05A	1	0.000 222	0.000 221	− 0.000 427	− 0.000 408	− 0.000 0978
	0.5L	0.000 089	0.000 089	0.000 069	0.000 069	0.000 0790
	0.8C	− 0.000 389	− 0.000 389	0.000 127	0.000 127	− 0.000 1310
0.2A	1	− 0.000 185	− 0.000 185	0.001 546	0.001 546	0.000 6805
	0.5L	− 0.000 211	− 0.000 212	0.000 681	0.000 681	0.000 2350
	0.8C	− 0.000 160	− 0.000 160	− 0.000 287	− 0.000 287	− 0.000 2235
1A	1	− 0.002 222	− 0.002 222	− 0.001 993	− 0.001 993	− 0.002 1075
	0.5L	0.000 757	0.000 757	− 0.001 993	− 0.001 993	− 0.000 6180
	0.8C	0.002 361	0.002 361	0.002 361	0.002 361	0.002 3610
1.2A	1	− 0.003 215	− 0.003 215	0.003 278	0.003 278	0.000 0315
	0.5L	0.000 069	0.000 069	− 0.000 007	− 0.000 007	0.000 0310
	0.8C	0.000 833	0.000 833	0.000 681	0.000 681	0.000 7570

表 6-15　　　　　　　　　数字化电能表实负荷校验数据

		DTAD6268				
电流值	功率因数	误差 1（%）	误差 2（%）	误差 3（%）	误差 4（%）	均值（%）
0.01A	1	− 0.001 248	− 0.001 125	0.000 012	0.000 012	− 0.000 5872
	0.5L	− 0.001 745	− 0.001 745	− 0.001 723	− 0.001 723	− 0.001 7340
	0.8C	0.001 406	0.001 406	0.000 017	0.000 017	0.000 7115
0.05A	1	− 0.000 122	− 0.000 122	− 0.000 714	− 0.000 714	− 0.000 4180
	0.5L	− 0.000 580	− 0.000 580	0.000 795	0.000 795	0.000 1075
	0.8C	− 0.000 026	− 0.000 026	− 0.000 179	− 0.000 178	− 0.000 1023
0.2A	1	0.000 283	0.000 299	0.000 329	0.000 329	0.000 3100
	0.5L	− 0.000 45	− 0.000 45	0.000 467	0.000 467	0.003 1500
	0.8C	− 0.000 435	0.000 435	− 0.000 664	− 0.000 664	− 0.000 3320
1A	1	− 0.001 840	− 0.001 840	0.001 444	0.001 444	− 0.000 1980
	0.5L	− 0.001 076	− 0.001 076	− 0.002 528	− 0.001 000	− 0.001 4200
	0.8C	− 0.000 809	− 0.000 809	0.000 948	0.000 948	0.000 0695
1.2A	1	− 0.000 962	0.001 063	− 0.000 045	− 0.000 045	0.000 0027
	0.5L	− 0.000 694	− 0.000 694	0.000 184	0.000 146	− 0.000 2645
	0.8C	− 0.003 368	− 0.003 406	− 0.002 260	− 0.002 260	− 0.002 8235

二、带模拟量型数字化电能表校验仪

(一)接线

(1)虚拟法校验数字化电能表。以带模拟量型数字化电能表校验仪内部数字源模块为信号源,输出的 DL/T 860 采样值报文作为数字化电能表计量输入信号。校验仪通过接收数字化电能表脉冲输出信号获取电能表计量值,与校验仪内部数字源输出对比,在不同额定电压、额定电流下测量不同功率因数、不同输入时的数字化电能表基本误差。根据需要允许增加或减少误差测试点。虚拟法校验仪器接线如图 6-36 所示。

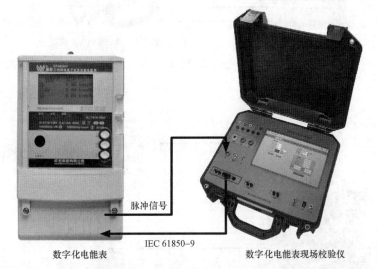

脉冲信号

IEC 61850-9

数字化电能表　　　　　　　　数字化电能表现场校验仪

图 6-36　带模拟量型数字化电能表校验仪虚拟法校验数字化电能表接线

(2)虚负荷法校验数字化电能表。以带模拟量型数字化电能表校验仪内部模拟数字转换模块输出的数字信号为信号源,输出的 DL/T 860 采样值报文作为数字化电能表计量输入信号,在不同额定电压、额定电流下测量不同功率因数、不同输入时的数字化电能表基本误差。根据需要允许增加或减少误差测试点。虚负荷法校验仪器接线如图 6-37 所示。

(3)实负荷法校验数字化电能表。采用合并单元输出的 DL/T 860 采样值报文作为数字电能计量输入信号,在用户明确实验室额定电压、额定电流下测量不同功率因数、不同输入时的数字化电能表基本误差,根据需要允许增加或减少误差测试点。实负荷法校验仪器接线如图 6-38 所示。

(二)参数设置

(1)数字报文配置。仪器内部源有三种模式:使用外部数字源(实负荷模式)、使用内部数字源(虚拟模式)和模拟转数字(虚负荷模式)

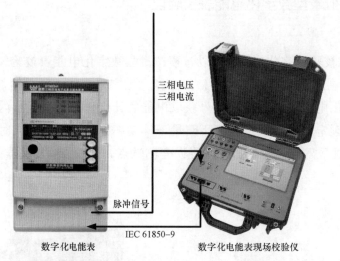

三相电压
三相电流

脉冲信号

IEC 61850-9

数字化电能表　　　　　　　　　　数字化电能表现场校验仪

图 6-37　带模拟量型数字化电能表校验仪虚负荷法校验数字化电能表接线

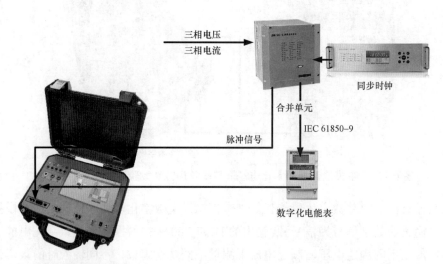

三相电压
三相电流

同步时钟

合并单元

脉冲信号

IEC 61850-9

数字化电能表

数字化电能表现场校验仪

图 6-38　数字化电能表校验仪实负荷法校验数字化电能表接线

1）使用外部数字源。数字报文配置中选择内部源类型，选择"使用外部数字源"，MU 模式为单 MU、"内置数字源报文信息"区可以配置内部源报文相关信息，通过扫描自动获取；"内置源通道映射"区内可以选择各电压/电流对应的通道数，参数均是从被检数字化电能表中获得，配置好各参数后，点击"使用配置"按钮，将数据传到仪器内部标准数字源模块。点击"保存配置"按钮，可以保存"内置数字源报文信息"和"内置源通道映射"的参数，点击"载入配置"按钮，可以载入以前保存的"内置数字源报文信息"和"内置源通道映射"的参数信息，见图 6-39、图 6-40。

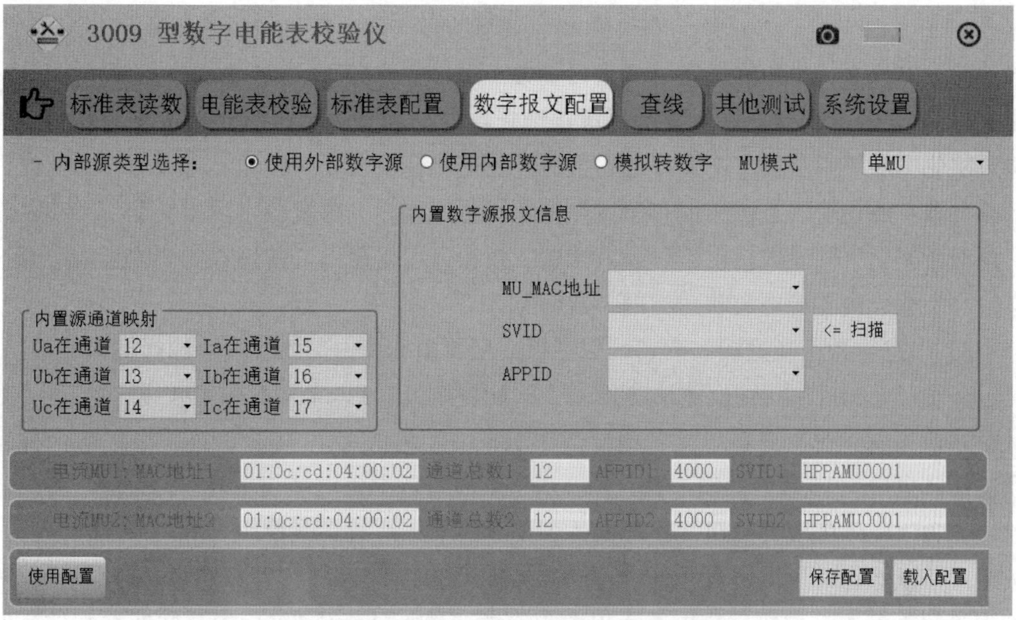

图 6-39 使用外部数字源的数字报文配置

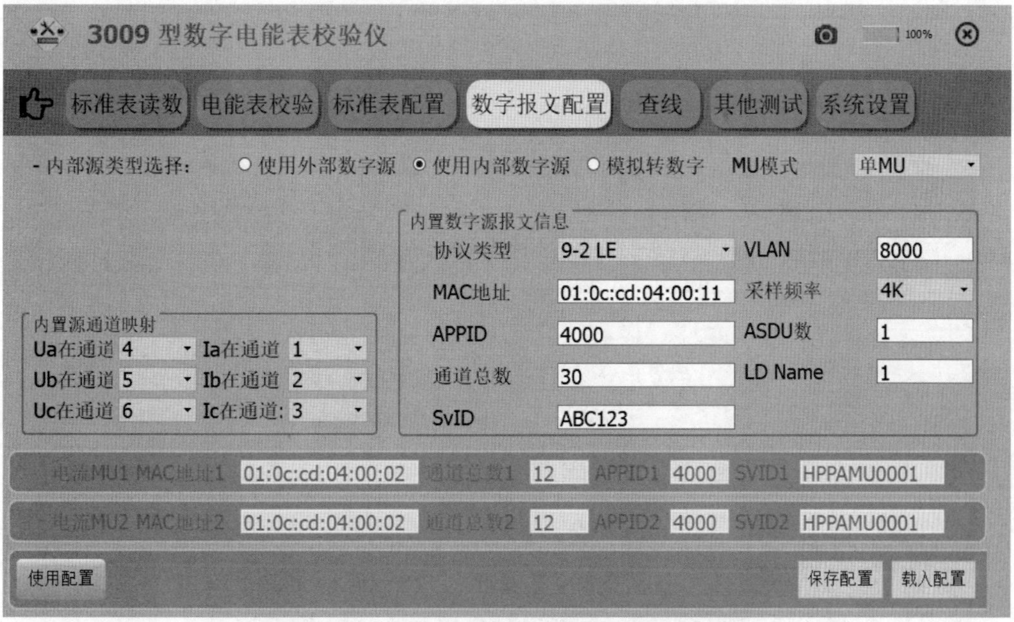

图 6-40 使用内部数字源的数字报文配置

2）使用内部数字源。数字报文配置中选择内部源类型，选择"使用内部数字源"，MU 模式有单 MU、单光口双 MU、双光口双 MU、三光口三 MU 四个选项（其中单 MU、单光口双 MU 模式下硬件输出口为光电交换机，即光口 1/光口 2/电口；双光口双 MU 模式下含有电压信息的报文输出口为光电交换机，即光口 1/光口 2/电口，含有电流信息的报文输出口为光口 3，三光口三 MU 模式下含有电压信息的报文输出口为光电交换机，即光口 1/光口 2/电口，一路含有 1/2 电流信息的报文输出口为光口 3，另一路含有 1/2 电流信息的报文输出口为光口 4)，"内置数字源报文信息"区可以配置内部数字源报文相关信息，"内置源通道映射"区内可以选择各电压/电流对应的通道数，参数均是从被检数字化电能表中获得，配置好各参数后，点击"使用配置"按钮，将数据传到仪器内部标准数字源模块。点击"保存配置"按钮，可以保存"内置数字源报文信息"和"内置源通道映射"的参数，点击"载入配置"按钮，可以载入以前保存的"内置数字源报文信息"和"内置源通道映射"的参数信息。

3）模拟转数字（见图 6-41）。数字报文配置中选择内部源类型，选择模拟转数字，MU 模式为单 MU，需要在"模拟转数字"区配置电流量程，有 5A 和 10A 两个选项，"内置数字源报文信息"区可以配置内部数字源报文相关信息，"内置源通道映射"区内可以选择各电压/电流对应的通道数，参数均是从被检数字化电能表中获得，配置好各参数后，点击"使用配置"按钮，将数据传到仪器内部标准数字源模块。点击"保存配置"按钮，可以保存"模拟转数字""内置数字源报文信息"和"内置源通道映射"的参数，点击"载入配置"按钮，可以载入以前保存的"模拟转数字""内置数字源报文信息"和"内置源通道映射"的参数信息。

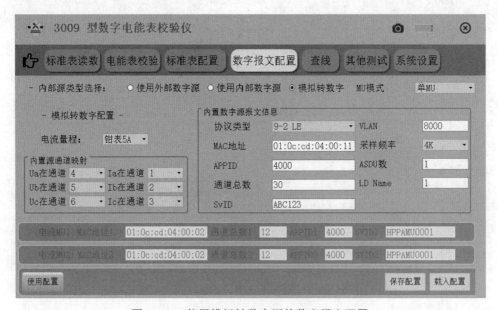

图 6-41　使用模拟转数字源的数字报文配置

（2）标准表配置（图 6-42）。在"标准表配置"界面，可以配置电能基本信息参数，电能基本信息参数可从被检数字化电能表中获得，配置好后，点击"使用配置"按钮，将数据传到仪器内部标准数字源模块。点击"保存配置"按钮，保存已配置好的参数；点击"载入配置"按钮，可以载入以前保存"标准表配置"的参数信息。

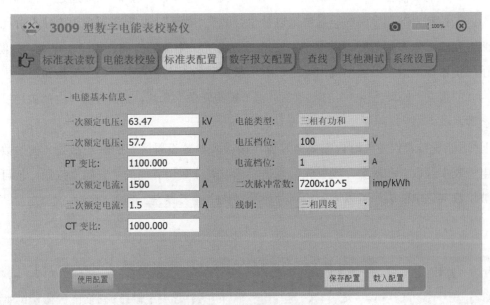

图 6-42 标准表配置

（3）标准表读数（图 6-43）。实时显示仪器标准表的一次/二次的电压、电流、功率因素、相角、有功功率、无功功率、视在功率、总功率值；可以实时显示三相电压、三相电流的相量图；能同时两块被检数字化电能表的误差。如果光输入口未接 DL/T 860-9-2 信号，标准表读数界面会显示"无 9-2 数据，或网口未连接…"，此时，需要检查光输入信号。

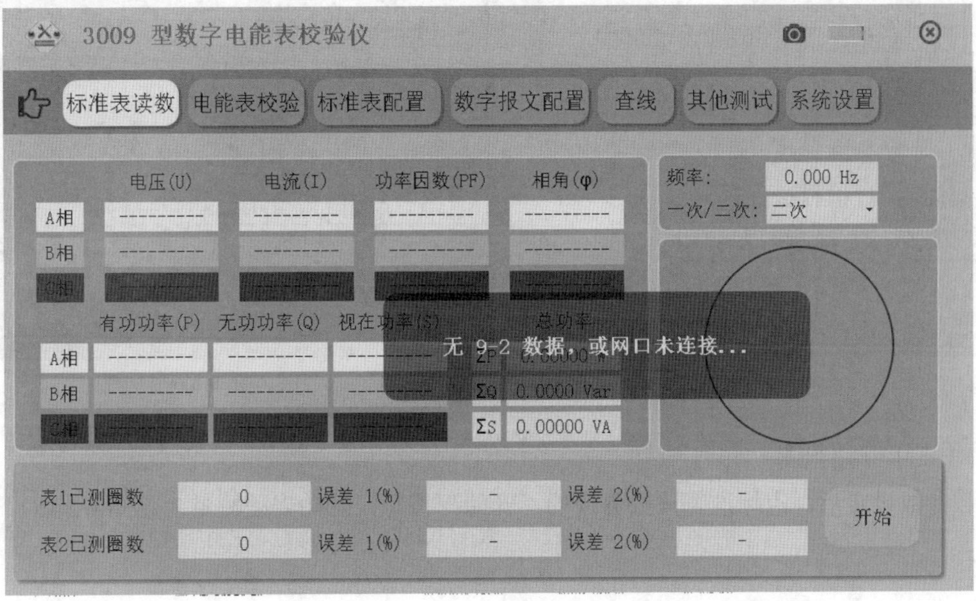

图 6-43 标准表读数

（4）电能表校验（图 6-44）。如果使用仪器"内部数字源"，需要通过"内部源控制"区来控制内部数字源的电量参数以及"升源""降源"。主要设置项为电压百分比、电流百分比、频率、角度/功率因素、三相合元分元、电流的方向、相序。点击"升源"按钮，仪器标准源光纤输出端口输出带有电量参数的报文，点击"降源"按钮，输出电量为 0 的报文。如果使用"外部数字源"或"模拟转数字"源，无需设置"内部源控制"区参数。

"电能表校验误差"时，需要先设置"被检表参数设置区"的脉冲常数（被检数字化电能表中获取）和圈数，设置完后点击"标准表读数"界面的"开始"按钮，就可检测被检数字化电能表，可以同时检测两块数字化电能表误差。

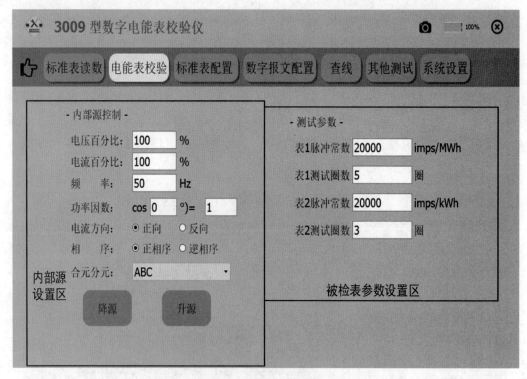

图 6-44　电能表校验

（三）开始检测

参数设定后，点标准表读数界面的"开始"按钮，开始误差测量（见图 6-45）。

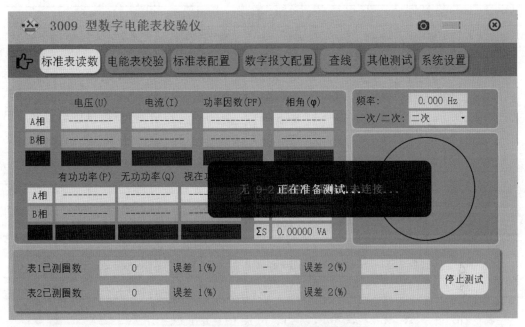

图 6-45　数字化电能表校验

（四）检测结果处理（见表 6-16～表 6-18）

表 6-16　　　　　　　　　　数字化电能表虚拟法校验数据

DTAD6268						
电流值	功率因数	误差 1（%）	误差 2（%）	误差 3（%）	误差 4（%）	均值（%）
0.05A	1	0.000 22	0.000 221	−0.000 427	−0.000 408	−0.000 0978
	0.5L	0.000 089	0.000 089	0.000 069	0.000 069	0.000 0790
	0.8C	−0.000 389	−0.000 389	0.000 127	0.000 127	−0.000 1310
0.2A	1	−0.000 185	−0.000 185	0.001 546	0.001 546	0.000 6805
	0.5L	−0.000 211	−0.000 212	0.000 681	0.000 681	0.000 2350
	0.8C	−0.000 160	−0.000 160	−0.000 287	−0.000 287	−0.000 2235
1A	1	−0.002 222	−0.002 222	−0.001 993	−0.001 993	−0.002 1075
	0.5L	0.000 757	0.000 757	−0.001 993	−0.001 993	−0.000 6180
	0.8C	0.002 361	0.002 361	0.002 361	0.002 361	0.002 3610
1.2A	1	−0.003 215	−0.003 215	0.003 278	0.003 278	0.000 0315
	0.5L	0.000 069	0.000 069	−0.000 007	−0.000 007	0.000 0310
	0.8C	0.000 833	0.000 833	0.000 681	0.000 681	0.000 7570

表6-17 数字化电能表实负荷校验数据

DTAD6268						
电流值	功率因数	误差1（%）	误差2（%）	误差3（%）	误差4（%）	均值（%）
0.05A	1	− 0.000 122	− 0.000 122	− 0.000 714	− 0.000 714	− 0.000 4180
	0.5L	− 0.000 580	− 0.000 580	0.000 795	0.000 795	0.000 1075
	0.8C	− 0.000 026	− 0.000 026	− 0.000 179	− 0.000 178	− 0.000 1023
0.2A	1	0.000 283	0.000 299	0.000 329	0.000 329	0.000 3100
	0.5L	− 0.000 45	− 0.000 45	0.000 467	0.000 467	0.003 1500
	0.8C	− 0.000 435	0.000 435	− 0.000 664	− 0.000 664	− 0.000 3320
1A	1	− 0.001 840	− 0.001 840	0.001 444	0.001 444	− 0.000 1980
	0.5L	− 0.001 076	− 0.001 076	− 0.002 528	− 0.001 000	− 0.001 4200
	0.8C	− 0.000 809	− 0.000 809	0.000 948	0.000 948	0.000 0695
1.2A	1	− 0.000 962	0.001 063	− 0.000 045	− 0.000 045	0.000 0027
	0.5L	− 0.000 694	− 0.000 694	0.000 184	0.000 146	− 0.000 2645
	0.8C	− 0.003 368	− 0.003 406	− 0.002 260	− 0.002 260	− 0.002 8235

表6-18 数字化电能表虚负荷误差试验数据（I_n=1A，U_n=57.7V）

DTAD6268						
电流值	功率因数	误差1（%）	误差2（%）	误差3（%）	误差4（%）	均值（%）
0.05A	1	0.000 590	0.000 650	0.000 660	0.000 670	0.000 6425
	0.5L	0.001 210	0.001 180	0.001 150	0.001 110	0.001 1625
	0.8C	0.000 720	0.000 730	0.000 750	0.000 730	0.000 7325
0.2A	1	0.000 150	0.000 200	0.000 110	0.000 180	0.000 1600
	0.5L	0.000 310	0.000 290	0.000 340	0.000 320	0.000 3150
	0.8C	0.000 220	0.000 190	0.000 232	0.000 180	0.000 2055
1A	1	0.006 300	0.001 300	0.001 000	0.001 700	0.002 5750
	0.5L	0.000 600	0.000 600	0.002 000	0.000 300	0.000 8750
	0.8C	0.003 200	0.003 350	0.001 270	0.001 320	0.002 2850
1.2A	1	0.000 500	0.000 221	0.000 547	0.000 534	0.000 4505
	0.5L	0.000 112	0.000 110	0.000 823	0.000 876	0.000 4803
	0.8C	0.000 573	0.000 224	0.000 366	0.000 377	0.000 3852

三、表台式数字化电能表校验装置

（一）接线

首先确认校验装置台体电源是否已断开，确认校验装置台体左侧的"电源总开关"是否已按下。按下后，台体上的"运行"指示灯、数码管应均处于熄灭状态。

内置纯数字型数字化电能表校验仪，输出所需DL/T 860-9报文，采用虚拟法校验数字化电能表。可同时检测多台数字化电能表（见图6-46）。

（1）接通数字化电能表的供电线路。电源线由校验装置提供。连接数字化电能表供电线路前，需要先用万用表确认校验装置台体上的交流电输出接口无电压。然后将台体上的交流电输出接口，与数字化电能表的电源输入接口相连。

（2）接通数字化电能表的采样数据报文通信线路。使用SC-ST光纤，将校验装置台体上的SC-RX（左），与数字化电能表的ST-TX相连；SC-TX（右），与数字化电能表的ST-RX相连。

（3）数字化电能表有功脉冲接入校验装置。使用2芯USB-B信号线连接，信号线一端是2个鳄鱼夹，另一端是USB-B接口。

黄色鳄鱼夹与数字化电能表的有功脉冲输出口相连；绿色鳄鱼夹与数字化电能表的脉冲公共端相连（有功脉冲、无功脉冲公共端有一方接上即可）；USB-B端与校验装置台体的有功脉冲接口相连。

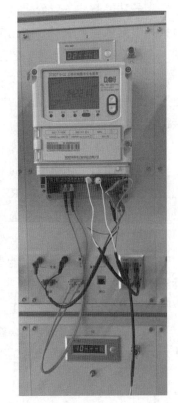

图6-46　表台式数字化电能表校验装置虚拟法校验数字化电能表

注：仪表常数试验、电流变化引起的误差、（单表）测量重复性、（多表）误差一致性、起动试验、潜动试验、影响量试验项目必需接有功脉冲线。

（4）数字化电能表无功脉冲接入校验装置。使用2芯USB-B信号线连接，信号线一端是2个鳄鱼夹，另一端是USB-B接口。

黄色鳄鱼夹与数字化电能表的无功脉冲输出口相连；绿色鳄鱼夹与数字化电能表的脉冲公共端相连（有功脉冲、无功脉冲公共端有一方接上即可）；USB-B端与校验装置台体的无功脉冲接口相连。

注：仪表常数试验、电流变化引起的误差、（单表）测量重复性、（多表）误差一致性、起动试验、潜动试验、影响量试验项目必需接无功脉冲线。

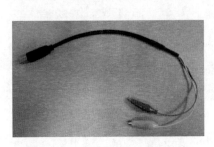

图6-47　2芯USB-B信号线

（5）数字化电能表多功能脉冲接入校验装置：数字化电能表的多功能脉冲，指的是"秒脉冲、需量周期脉冲、时段切换脉冲"。

以上三个脉冲在数字化电能表中，可能是各自分配一个接口，也可能是共同复用一个接口。使用2芯USB-B信号线与校验装置连接，信号线一端是2个鳄鱼夹，另一端是USB-B接口（见图6-47）。

当多功能脉冲各自分配接口时，绿色鳄鱼夹与数字化电能表的公共地相连，黄色鳄鱼夹则根据试验需求与数字化电能表的"秒脉冲、需量周期、时段切换"三个接口之中的一个相连；USB-B 端与校验装置台体的多功能脉冲接口相连。

当多功能脉冲复用一个接口时，绿色鳄鱼夹与数字化电能表的公共地相连，黄色鳄鱼夹与数字化电能表的"多功能"接口相连；USB-B 端与校验装置台体的多功能脉冲接口相连。

注：日计时误差项目必需接多功能脉冲线。

（6）接通数字化电能表的 RS-485 通信线路。数字化电能表配有两路 RS-485 通信线路，第一路 RS-485 为主 RS-485，可进行读写操作；第二路 RS-485 为辅 RS-485，只能进行读操作；这里需要选择第一路 RS-485 接入校验装置。

使用 3 芯 USB-B 信号线连接，信号线一端是 3 个鳄鱼夹，另一端是 USB-B 接口。

红色鳄鱼夹与数字化电能表的 485-A1 接口相连；黄色鳄鱼夹与数字化电能表的 485-B1 接口相连；黑色鳄鱼夹与数字化电能表的 485-地相连（可不接）；USB-B 端与校验装置台体的 485 接口相连。

注：规约一致性、需量示值误差、费率寄存器示值组合误差项目必须接 RS-485 通信线，其中需量示值误差、费率寄存器示值组合误差项目还需要按被检表编程键。

（二）参数设置

1. 登录

登录"数字化电能表检定软件"。

2. 选表（测试准备）

以许继 DTSD568 型三相数字化多功能电能表为例：

（1）点击主窗口菜单栏"测试"按钮，调出测试准备界面；

（2）点击测试准备界面菜单栏"新建测试批"按钮，新建一个测试批；

（3）数字化电能表基础参数录入（被检表参数一致的前提下，配置完表 1，然后点击"复制表 1 参数"即可完成所有表位参数录入）。

1）表号：2020092301；

2）有功常数：20 000；

3）无功常数：20 000；

4）有功等级：0.2S；

5）无功等级：2；

6）通信规约：DL/T 645—2007；

7）通信方式：2400，E，8，1；

8）密码权限：2；

9）密码：000000；

10）操作者代码：00000000；

11）型号：DTAD178；

12）电能表类型：三相四线数字化多功能电能表；

13）生产厂家：SCCJ；

14）使用单位：SYDW。

（4）数字化电能表公共参数录入。

1）相线：三相四线；

2）电压变比：1100；

3）电流变比：1000；

4）额定电压：57.7；

5）额定电流：1.5；

6）最大电流：6；

7）频率：50；

8）湿度：20；

9）温度：20；

10）检验员：JY；

11）审核人：SH。

数字化电能表基础参数与公共参数填写完毕后，点击菜单栏"保存"按钮，或者下方"保存电能表参数"按钮，将参数保存。

（5）报文参数配置（所有数字化电能表与标准电能表，只有在"信号源一致，且各自对采样数据报文正确解析"的前提下，才有校验意义。若数字化电能表报文参数不一致，将会导致数字化电能表无法正常解析采样数据报文）。

1）报文类型：9-2LE；

2）SVID：XJPA_MU0001；

3）ASDU 数：1；

4）采样频率：4000；

5）VLAN 优先级：4；

6）VLAN ID：0；

7）APPID：4000；

8）MAC 地址：01-0C-CD-04-00-11；

9）通道数：16；

10）UA 通道：4；

11）UB 通道：5；

12）UC 通道：6；

13）IA 通道：1；

14）IB 通道：2；

15）IC 通道：3。

点击"保存"按钮，然后关闭报文参数配置窗口。

（6）选择校验方案并进入测试。若软件已有校验方案存档，则可以直接选择相应的方案，继续进行第五步操作。已有校验方案可以通过"校验方案——方案管理——已有校验方案"查看具体检验项目。

若软件没有校验方案存档，则需自行配置校验方案。根据校验需求，选择需要进行的校验项目，并配置相应的测试点。配置好校验方案后，回到测试准备界面，选择配置好的方案，继续进行（3）操作（见图6-48）。

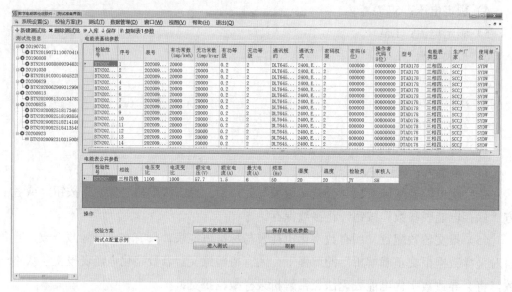

图 6-48　测试准备界面

3. 接通校验装置台体电源

将校验装置台体左侧的"电源总开关"向右旋转，接通校验装置台体的电源，按下左下角"220V 电源"按钮，等待所有被检表跳过开机动画，进入工作状态。

注：必须保证 3009 型数字化电能表校验仪的电源为开状态（一般电源开关是开，若电源开关为关状态，需要手动按电源开关为开状态）。

（三）开始检测

前面所有步骤完成后，点击"进入测试"按钮进入测试界面。各项目试验之间可以不分先后顺序进行，在校验项目处选择需要进行的测试项目，被检表位可以选择，默认是 16 表位，如果不需要检某些表位，可以点某些表位表号，蓝色√代表选中，灰色代表未选中，然后选择"单点测试/点连续测试/项目连续测试"，即可开始进行电能表校验（见图6-49、图6-50）。

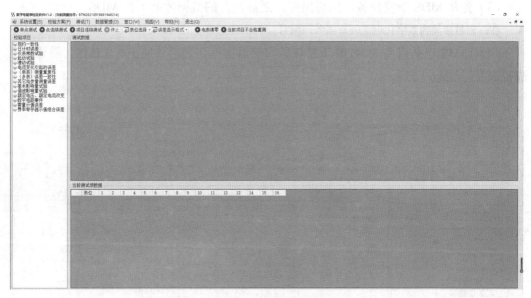

图 6-49 初始测试界面

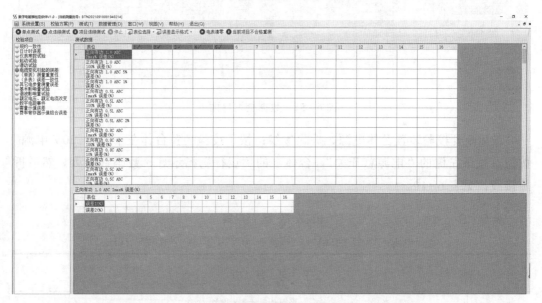

图 6-50 电流变化引起的误差（基本误差）测试界面

（四）检测结果处理

所有测试项目完成后，点击菜单栏"数据管理"按钮，选择"数据查询"，进入数据管理界面：

（1）可以根据"表号、检验员"两个关键字进行数据查询，以快速找到所需。

（2）选择报表生成路径，选中表位 N 然后点击"生成报表"按钮，将在指定路径生成对应表位的原始数据记录报表。

（3）先从 MDS 下发任务，然后出库，之后测得的数据才能上传 MDS。

注：表号必须为数字化电能表真实条码编号。

（4）LIMS 也是需要从 MDS 下发任务，然后出库，之后才能上传 LIMS（需要先生成报表）（见图 6-51）。

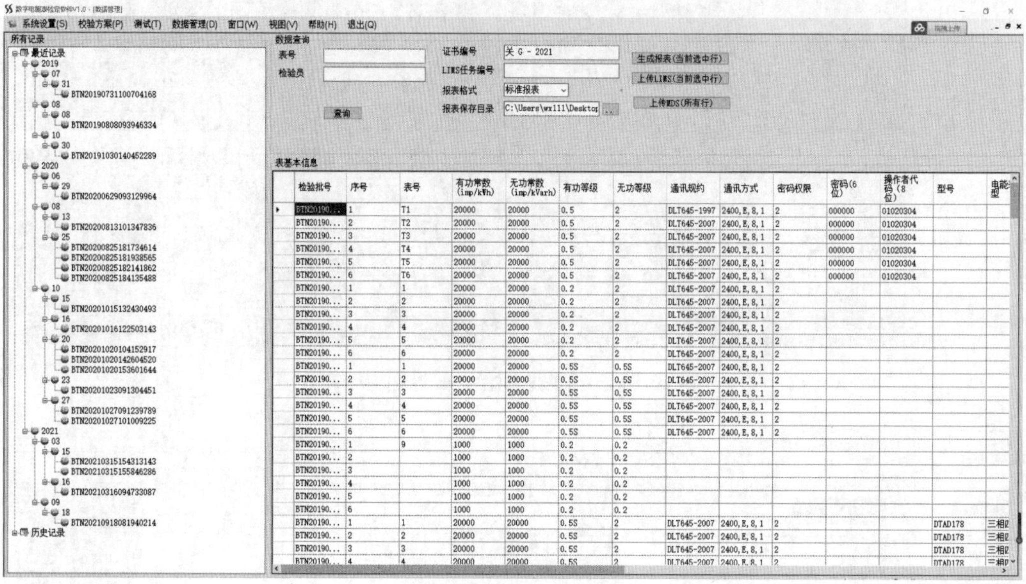

图 6-51 数据查询界面

最后断开校验装置台体电源、拆除接线：按下校验装置台体左下角"220V 电源"按钮，按下左侧的"电源总开关"，台体上的"运行"指示灯、数码管熄灭。然后拆除接线，见表 6-19。

表 6-19

校 准 数 据 / 结 果

电压：3×57.7/100V　　电流 3×0.3（1.2）A　　频率：50Hz

正 向 有 功

功率因数	平衡负载时基本误差（%）					
	负载电流					
	I_{max}	I_b	$0.1I_b$	$0.05I_b$	$0.02I_b$	$0.01I_b$
1.0	0.00	0.00	—	−0.10		−0.28
0.5L	0.00	0.00	0.00		−0.40	
0.8C	0.00	0.00	−0.04		−0.18	
0.5C	0.00		0.00			
0.25L	0.00		−0.08			

续表

分元	功率因数	不平衡负载时基本误差（%）			
		负载电流			
		I_{max}	I_b	$0.1I_b$	$0.05I_b$
A	1.0	0.00	0.00	—	−0.06
	0.5L	0.00	0.00	−0.08	—
B	1.0	0.00	0.00	—	−0.12
	0.5L	0.00	0.00	−0.02	—
C	1.0	0.00	0.00	—	−0.12
	0.5L	0.00	0.00	−0.06	—

反 向 有 功

功率因数	平衡负载时基本误差（%）					
	负载电流					
	I_{max}	I_b	$0.1I_b$	$0.05I_b$	$0.02I_b$	$0.01I_b$
1.0	0.00	0.00	—	−0.10	—	−0.28
0.5L	0.00	0.00	0.00	—	−0.40	—
0.8C	0.00	0.00	−0.04	—	−0.18	—
0.5C	0.00	—	0.00	—	—	—
0.25L	0.00	—	−0.08	—	—	—

分元	功率因数	不平衡负载时基本误差（%）			
		负载电流			
		I_{max}	I_b	$0.1I_b$	$0.05I_b$
A	1.0	0.00	0.00	—	−0.06
	0.5L	0.00	0.00	−0.08	—
B	1.0	0.00	0.00	—	−0.12
	0.5L	0.00	0.00	−0.02	—
C	1.0	0.00	0.00	—	−0.12
	0.5L	0.00	0.00	−0.06	—

正 向 无 功

功率因数	平衡负载时基本误差（%）				
	负载电流				
	I_{max}	I_b	$0.1I_b$	$0.05I_b$	$0.02I_b$
1.0	0.0	0.0	—	0.0	−0.4
0.5L	0.0	0.0	0.0	−0.4	—
0.25L	—	0.0	—	—	—

分元	功率因数	不平衡负载时基本误差（%）			
		负载电流			
		I_{max}	I_b	$0.1I_b$	$0.05I_b$
A	1.0	0.0	0.0	—	0.0
	0.5L	0.0	0.0	0.0	—
B	1.0	0.0	0.0	—	0.0
	0.5L	0.0	0.0	0.0	—
C	1.0	0.0	0.0	—	0.0
	0.5L	0.0	0.0	0.0	—

反 向 无 功

功率因数	平衡负载时基本误差（%）				
	负载电流				
	I_{max} $0.5I_{max}$	I_b	$0.1I_b$ $0.2I_b$ $0.1I_b$	$0.05I_b$	$0.02I_b$ $0.01I_b$
1.0	0.0	0.0	—	0.0	−0.2
0.5L	0.0	0.0	0.0	−0.4	—
0.25L	—	0.0			—

分元	功率因数	不平衡负载时基本误差（%）			
		负载电流			
		I_{max}	I_b	$0.1I_b$	$0.05I_b$
A	1.0	0.0	0.0	—	0.0
	0.5L	0.0	0.0	0.0	—
B	1.0	0.0	0.0	—	0.0
	0.5L	0.0	0.0	0.0	—
C	1.0	0.0	0.0	—	0.0
	0.5L	0.0	0.0	0.0	—

参 考 文 献

[1] 孙卫明，潘峰，钟清，林国营. 数字化电能计量技术. 北京：中国电力出版社，2015.

[2] 潘峰，申妍华，肖勇，孙卫明，赵伟，张永旺. 电子式电流互感器校验方法研究. 计量学报，2014年3月第3期.

[3] 王智，王海元，杨静. 智能变电站合并单元校验技术及方法研究. 湖南电力，国网湖南省电力公司计量中心，2018.

[4] 黄默涵. 数字化电能表校验技术研究. 科技风，2015（14）.